快学

建筑水暖电与通风工程施工做法

KUAIXUE
JIANZHU
SHUINUANDIAN
YU
TONGFENG
GONGCHENG
SHIGONG
ZUOFA

阳鸿钧 等 编著

U0385259

化学工业出版社
·北京·

内 容 简 介

本书对建筑水暖电与通风新风工程的基础知识与实战匠技进行了介绍，内容涵盖建筑给水工程、建筑排水工程、供暖与采暖工程、建筑电气工程、通风工程、新风工程、空调工程、防排烟工程等八大工程，兼顾了入门、提高、精通等不同层次的学习需求。本书采用了双色印刷＋图解详解＋扫码看视频的形式，帮助读者学习技能更轻松，上岗实战发挥匠技更得心应手。

本书可作为建筑水暖电与通风新风工程、空调工程有关的技术员、施工员的职业培训用书、工作参考用书，可作为灵活就业、想快速掌握一门技能手艺人员的自学用书，也可供高等院校相关专业师生参考使用。

图书在版编目（CIP）数据

快学建筑水暖电与通风工程施工做法／阳鸿钧等编著. -- 北京：化学工业出版社，2024.10. -- ISBN 978-7-122-46038-7

Ⅰ．TU8

中国国家版本馆 CIP 数据核字第 2024BN2438 号

责任编辑：彭明兰　　　　　　　文字编辑：李旺鹏
责任校对：李露洁　　　　　　　装帧设计：刘丽华

出版发行：化学工业出版社
　　　　　（北京市东城区青年湖南街 13 号　邮政编码 100011）
印　　装：河北京平诚乾印刷有限公司
787mm×1092mm　1/16　印张 14$\frac{1}{2}$　字数 338 千字
2024 年 11 月北京第 1 版第 1 次印刷

购书咨询：010-64518888　　　　　售后服务：010-64518899
网　　址：http://www.cip.com.cn
凡购买本书，如有缺损质量问题，本社销售中心负责调换。

定　　价：68.00 元

前言

水暖电与通风新风工程是建筑必备的项目工程。本书参照现行标准、规范、要求、政策，对建筑水暖电与通风新风工程的基础知识与实战匠技进行介绍，兼顾入门、提高、精通等不同层次的学习需求，以帮助读者轻松掌握知识技能，快速上岗。

本书的特点如下：

（1）践行工地实战——本书将水暖电与通风新风工程技能，结合工地现场实况，进行图解化、视频化，以达到学用结合的目的，让读者快速上手。

（2）零基础入门入行——本书介绍了水暖电与通风新风工程的有关基础与常识，帮助读者实现快入门、速入行。

（3）八大工程技能一本通——本书介绍包括建筑给水工程、建筑排水工程、供暖与采暖工程、建筑电气工程、通风工程、新风工程、空调工程、防排烟工程等八大工程的基础知识与实战匠技，帮助读者轻松应对多工种多项目的复杂交错的工地实况。

（4）形式新颖——本书采用双色印刷＋图解详解＋扫码看视频的形式，帮助读者学习技能更轻松，上岗实战发挥匠技更得心应手。

总之，本书脉络清晰、重点突出、实用性强，可作为建筑水暖电与通风新风工程、空调工程有关技术员、施工员的职业培训用书、工作参考用书，可作为灵活就业、想快速掌握一门技能手艺人员的自学用书，也可供高等院校相关专业师生参考使用。

阳鸿钧、阳育杰、阳许倩、许四一、阳红珍、许小菊、阳梅开、阳苟妹等人员参加了本书的编写工作，或者提供了有关编写支持。另外，本书的编写还得到了一些同行、朋友及有关单位的帮助，在此，向他们表示衷心的感谢！

由于时间有限，书中难免存在不足之处，敬请读者批评、指正。

目录

第3章 建筑电气工程　　44

第4章 通风工程与新风工程　　78

第5章　空调工程　　　　　　　109

第1章
建筑给排水工程

1.1 建筑给水排水系统基础

1.1.1 建筑给水排水系统综述

建筑给水排水系统是建筑给水排水管道系统、给水排水设备及设施的总称。建筑给水排水设施是指为给水排水设置的泵房、水泵、阀门、水池（ 箱）、化粪池、压力水容器、消毒设备、电控装置、检查井、阀门井等装置与设备。

建筑给水排水与节水工程中有关生产安全、环境保护、节水等的设施，需要与主体工程同时设计、同时施工、同时投入使用。

湿陷性黄土地区布置在防护距离范围内的地下给水排水管道，需要根据湿陷性等级采取相应的防护措施。

穿越人民防空地下室围护结构的给水排水管道，需要采取防护密闭措施。

建筑排水管道如图 1-1 所示。

排水管

图 1-1 建筑排水管道

一点通

　　建筑给水排水与节水工程选用的材料、产品、设备必须质量合格，涉及生活给水的材料与设备还必须满足卫生安全的要求。建筑给水排水与节水工程选用的工艺、设备、器具、产品应为节水和节能型。

1.1.2　给水系统的特点与要求

给水系统的特点与要求如表 1-1 所示。

扫码看视频

给水系统

表 1-1　给水系统的特点与要求

名称	特点与要求
给水管网	给水管网的特点与要求如下： （1）给水系统采用的管材、管件的工作压力不得大于国家现行标准中的公称压力或标称的允许工作压力。 （2）室外给水管网干管，需要成环状布置。 （3）给水管道通过腐蚀区域的部分，需要采取安全保护措施。 （4）室外埋地给水管道不得影响建筑物基础。 （5）室外埋地给水管道与建筑物、其他管线、构筑物的距离、位置，需要保证供水安全。 （6）给水系统采用的阀件的公称压力不得小于管材、管件的公称压力。 （7）给水管道严禁穿过毒物污染区。 （8）给水系统需要充分利用室外管网压力直接供水，系统供水方式、供水分区，需要根据建筑用途、使用要求、建筑高度、材料设备性能、维护管理、运营能耗等因素合理确定
生活饮用水给水管道	生活饮用水给水管道的特点与要求如下： （1）生活饮用水管道直接接到下列用水管道或设施时，需要在用水管道上相应位置设置真空破坏器等防止回流污染措施： ①当游泳池、按摩池、水景池、水上游乐池、循环冷却水集水池等的充水或补水管道出口与溢流水位间设有空气间隙，但是空气间隙小于出口管径 2.5 倍时，在充（补）水管上； ②消防（软管）卷盘、轻便消防水龙给水管道的连接位置； ③出口接软管的冲洗水嘴（阀）、补水水嘴与给水管道的连接位置； ④不含有化学药剂的绿地喷灌系统，当喷头采用地下式或自动升降式时，在管道起端。 （2）建筑室内生活饮用水管道的布置需要符合的规定如下： ①不得布置在遇水会引起燃烧、爆炸的产品、原料、设备的上部； ②管道的布置不得受到污染，不得影响结构安全，不得影响建筑物的正常使用。 （3）生活饮用水管道供水到下列含有对健康有危害物质等有害有毒场所或设备时，需要设置防止回流设施： ①接贮存池（罐）、装置、设备等设施的连接管上； ②化工剂罐区、化工车间、三级及三级以上的生物安全实验室除接贮存池（罐）、装置、设备等设施的连接管上外，还需要在引入管上设置有空气间隙的水箱，设置位置需要在防护区外。 （4）生活饮用水给水系统需要在用水管道、设备的下列部位设置倒流防止器： ①从城镇给水管网不同管段接出两路及两路以上到小区或建筑物，并且与城镇给水管网形成连通管网的引入管上； ②从小区或建筑物内生活饮用水管道系统上单独接出消防用水管道（不含接驳室外消火栓的给水短支管）时，在消防用水管道的起端； ③从生活饮用水与消防用水合用贮水池（箱）中抽水的消防水泵出水管上；

续表

名称	特点与要求
生活饮用水给水管道	④从城镇给水管网直接抽水的生活供水加压设备进水管上； ⑤利用城镇给水管网水压直接供水且小区引入管无防倒流设施时，向热水锅炉、热水机组、水加热器、气压水罐等有压容器或密闭容器注水的进水管上。 （5）生活饮用水管管道配水到卫生器具、用水设备等需要符合的规定如下： ①配水件出水口高出承接用水容器溢流边缘的最小空气间隙，不得小于出水口直径的 2.5 倍； ②严禁采用非专用冲洗阀与大便器（槽）、小便斗（槽）直接连接； ③配水件出水口不得被任何液体或杂质淹没。 （6）从生活饮用水管网向消防、中水、雨水回用等其他非生活饮用水贮水池（箱）充水或补水时，补水管需要从水池（箱）上部或顶部接入，其出水口最低点高出溢流边缘的空气间隙不得小于 150mm，中水管不得小于进水管管径的 2.5 倍，补水管严禁采用淹没式浮球阀补水
给水系统储水和增压设施	给水系统储水和增压设施的特点与要求如下： （1）生活给水系统水泵机组需要设置备用泵，并且备用泵供水能力不得小于最大一台运行水泵的供水能力。 （2）生活饮用水水箱间、给水泵房，需要设置入侵报警系统等技防、物防安全防范、监控措施。 （3）给水加压、循环冷却等设备不得设置在卧室、客房、病房的上层、病房的下层，或毗邻上述用房，不得影响居住环境。 （4）对可能发生水锤的给水泵房管路，需要采取消除水锤危害的措施。 （5）设置储水或增压设施的水箱间、给水泵房，需要满足设备安装、运行、维护、检修要求，以及具备可靠的防淹、排水设施。 （6）施工完毕后的贮水调蓄、水处理等构筑物必须进行满水试验，静置 24 h 观察，应不渗不漏。 （7）生活饮用水水池（箱）、水塔的设置，需要防止污水、废水、雨水等非饮用水渗入和污染，需要采取保证储水不变质、不冻结的措施，并且符合如下规定： ①建筑物内的生活饮用水水池（箱）、水塔，需要采用独立结构形式，不得利用建筑物本体结构作为水池（箱）的壁板、底板、顶盖，与消防用水水池（箱）并列设置时，需要有各自独立的池（箱）壁； ②埋地式生活饮用水贮水池周围 10m 内，不得有化粪池、污水处理构筑物、渗水井、垃圾堆放点等污染源； ③生活饮用水水池（箱）、水塔，需要设置消毒设施； ④生活饮用水水池（箱）周围 2m 内不得有污水管、污染物； ⑤排水管道不得布置在生活饮用水水池（箱）的上方。生活饮用水水池（箱）、水塔人孔需要密闭并设锁具，通气管、溢流管需要有防止生物进入水池（箱）的措施
给水系统节水措施	给水系统节水措施的特点与要求如下： （1）给水系统需要使用耐腐蚀、耐久性能好的管件、管材、阀门等，减少管道系统的漏损。 （2）公共场所的洗手盆水嘴，需要采用非接触式或延时自闭式水嘴。 （3）生活给水水池（箱）需要设置水位控制和溢流报警装置。 （4）非亲水性的室外景观水体用水水源不得采用市政自来水、地下井水。 （5）用水点处水压大于 0.2MPa 的配水支管，需要采取减压措施，并且需要满足用水器具工作压力的要求。 （6）集中空调冷却水、游泳池水、洗车场洗车用水、水源热泵用水应循环使用。 （7）绿化浇洒应采用高效节水灌溉方式。 （8）供水、用水，需要按照使用用途、付费或管理单元，分项、分级安装满足使用需求与经计量检定合格的计量装置

1.1.3　排水系统的特点与要求

排水系统的特点与要求如表 1-2 所示。

扫码看视频

排水系统

表1-2　排水系统的特点与要求

名称	特点与要求
排水系统卫生器具与水封	排水系统卫生器具与水封的特点与要求如下： （1）严禁采用钟罩式结构地漏、机械活瓣替代水封。 （2）室内生活废水排水沟与室外生活污水管道连接处，需要设水封装置。 （3）水封装置的水封深度不得小于50 mm，卫生器具排水管段上不得重复设置水封。 （4）构造内无存水弯的卫生器具、无水封地漏、设备或排水沟的排水口与生活排水管道连接时，必须在排水口以下设存水弯
生活排水管道	生活排水管道的特点与要求如下： （1）室内生活排水系统不得向室内散发浊气、臭气等有害气体。 （2）通气管道不得接纳器具污水、废水，不得与风道和烟道连接。 （3）设有淋浴器、洗衣机的部位，需要设置地面排水设施。 （4）地下室、半地下室中的卫生器具与地漏不得与上部排水管道连接，需要采用压力流排水系统，并且保证污水、废水安全可靠地排出。 （5）生活排水系统，需要具有足够的排水能力，并且能够迅速及时地排除各卫生器具、地漏的污水与废水。 （6）建筑排水需要单独设置排水系统的情况如下： ①职工食堂、营业餐厅的厨房含油脂废水； ②实验室有毒有害废水； ③应急防疫隔离区、医疗保健站的排水； ④含有致病菌、放射性元素超过排放标准的医疗科研机构的污废水。 （7）排水管道不得穿越的场所如下： ①卧室、客房、病房、宿舍等人员居住的房间； ②遇水会引起燃烧、爆炸的原料、产品、设备的上方； ③生活饮用水池（箱）上方； ④食堂厨房，饮食业厨房的主副食操作、备餐、烹调区域，主副食库房等的上方
生活排水设备与构筑物	生活排水设备与构筑物的特点与要求如下： （1）当建筑物室内地面低于室外地面时，需要设置排水集水池、排水泵或成品排水提升装置排除生活排水，需要保证污水、废水安全可靠地排出。 （2）生活排水泵需要设置备用泵，每台水泵出水管道上要采取防倒流措施。 （3）公共餐饮厨房含有油脂的废水要单独排到隔油设施，室内的隔油设施要设置通气管道。 （4）化粪池与地下取水构筑物的净距不得小于30 m。 （5）生活污水集水池设置在室内地下室时，池盖要密封，并且要设通气管。 （6）化粪池要设通气管，通气管排出口设置位置要满足安全、环保要求。 （7）下列构筑物、设备的排水管与生活排水管道系统需要采取间接排水的方式： ①非传染病医疗灭菌消毒设备的排水； ②传染病医疗消毒设备的排水要单独收集、处理，蒸发式冷却器、空调设备冷凝水的排水； ③生活饮用水贮水箱（池）的泄水管、溢流管； ④开水器、热水器排水

 一点通

重力排水管道的敷设坡度必须符合设计要求，严禁无坡或倒坡。地下构筑物（罐）的室外人孔需要采取防止人员坠落的措施。

1.1.4　雨水系统的特点与要求

雨水系统的特点与要求如下。

（1）屋面雨水需要有组织排放。

（2）屋面雨水收集或排水系统需要独立设置，严禁与建筑生活污水、废水排水连接。严禁在民用建筑室内设置敞开式检查口或检查井。

（3）阳台雨水不应与屋面雨水共用排水立管。当阳台雨水和阳台生活排水设施共用排水立管时，不得排入室外雨水管道。

（4）建筑高度超过100m的建筑的屋面雨水管道接入室外检查井时，检查井壁需要有足够强度耐受雨水冲刷，井盖要能溢流雨水。

（5）虹吸式雨水斗屋面雨水系统、87型雨水斗屋面雨水系统和有超标雨水汇入的屋面雨水系统，其管道、附配件以及连接接口需要能耐受系统在运行期间产生的负压。

（6）塑料雨水排水管道不得布置在工业厂房的高温作业区。

（7）雨水斗与天沟、檐沟连接处需要采取防水措施。

（8）屋面雨水排水系统的管道、附配件、连接接口，需要能够耐受屋面灌水高度产生的正压。雨水斗标高高于250m的屋面雨水系统，管道、附配件、连接接口承压能力不应小于2.5MPa。

（9）室外雨水口应设置在雨水控制利用设施末端，以溢流形式排放。超过雨水径流控制要求的降雨溢流排入市政雨水管渠。

（10）大于$10hm^2$的场地需要进行雨水控制及利用专项设计，雨水控制及利用要采用土壤入渗系统、收集回用系统、调蓄排放系统。

（11）常年降雨条件下，屋面、硬化地面径流需要进行控制与利用。

（12）雨水控制利用设施的建设需要充分利用周边区域的天然湖塘洼地、沼泽地、湿地等自然水体。

（13）连接建筑出入口的下沉地面、下沉广场、下沉庭院、地下车库出入口坡道雨水排放，需要设置水泵提升装置排水。

（14）连接建筑出入口的下沉地面、下沉广场、下沉庭院及地下车库出入口坡道，整体下沉的建筑小区，应采取土建措施禁止防洪水位以下的客水进入这些下沉区域。

（15）屋面雨水排除、溢流设施的设置和排水能力不得影响屋面结构、墙体及人员安全，并且需要符合下列规定：

①屋面雨水排水系统需要保证及时排除设计重现期的雨水量，并且在超过设计重现期雨水状况时溢流设施要能安全可靠运行；

②屋面雨水排水系统的设计重现期应根据建筑物的重要程度、系统要求以及出现水患可能造成的财产损失或建筑损害的严重级别来确定。

（16）雨水入渗不应引起地质灾害及损害建筑物和道路基础。下列场所不得采用雨水入渗系统：

①可能造成坍塌、滑坡灾害的场所；

② 对居住环境以及自然环境造成危害的场所；

③ 自重湿陷性黄土、膨胀土、高含盐土、黏土等特殊土壤地质场所。

（17）建筑与小区应遵循源头减排原则，建设雨水控制与利用设施，减少对水生态环境的影响。降雨的年径流总量和外排径流峰值的控制要求如下：

① 新建的建筑与小区需要达到建设开发前的水平；

② 改建的建筑与小区需要符合当地海绵城市建设专项规划要求。

 一点通

雨水回用要求

（1）传染病医院的雨水、含有重金属污染或化学污染等地表污染严重的场地雨水不得回用。

（2）当采用生活饮用水向室外雨水蓄水池补水时，补水管口在室外地面暴雨积水条件下不得被淹没。

（3）根据雨水收集回用的用途，当有细菌学指标要求时，必须消毒后再利用。

1.1.5　热水系统的特点与要求

热水系统水量、水质、水温的特点与要求如下：

（1）热水用水定额的确定，需要与建筑给水定额匹配，需要根据当地水资源条件、使用要求等因素确定。

（2）集中热水供应系统，需要采取灭菌措施。

（3）集中热水供应系统的水加热设备，其出水温度不应高于70℃，配水点热水出水温度应低于46℃。

（4）生活热水水质需要符合的规定如表1-3、表1-4所示。

表1-3　生活热水水质常规指标与限值

项目		限值	说明
常规指标	总硬度（以 $CaCO_3$ 计）/（mg/L）	300	—
	浑浊度 /NTU	2	—
	耗氧量（COD_{Mn}）/（mg/L）	3	—
	溶解氧（DO）/（mg/L）	8	—
	总有机碳（TOC）/（mg/L）	4	—
	氯化物 /（mg/L）	200	—
微生物指标	菌落总数 /（CFU/mL）	100	—
	异养菌数（HPC）/（CFU/mL）	500	—

续表

项目		限值	说明
微生物指标	总大肠菌群	不得检出	—
	嗜肺军团菌	不得检出	采样量 500mL

表 1-4　消毒剂指标及余量

消毒剂指标	管网末梢水中余量
游离余氯（采用氯消毒时）/（mg/L）	≥ 0.05
二氧化氯（采用二氧化氯消毒时）/（mg/L）	≥ 0.02
银离子（采用银离子消毒时）/（mg/L）	≤ 0.05

热水系统设备与管道的特点与要求如下：

（1）严禁浴室内安装燃气热水器。

（2）热水系统、热媒系统采用的管材、管件、阀件、附件等均需要能够承受相应系统的工作压力、工作温度。

（3）热水管道系统需要有补偿管道热胀冷缩的措施。热水系统需要设置防止热水系统超温、超压的安全装置，保证系统功能的阀件需要灵敏可靠。

（4）膨胀管上严禁设置阀门。

 一点通

老年照料设施、医院、幼儿园、监狱等建筑中的沐浴设施的热水供应需要有防烫伤措施。集中热水供应系统是 指供给一幢（不含单幢别墅）或数幢建筑物所需热水的系统。

1.2　建筑给水系统施工做法

扫码看视频

分户水表的安装做法

1.2.1　分户水表的安装做法

阀门与管件的工作压力不得大于产品标准公称压力或标称的允许工作压力。当生活给水与消防共用管道时，阀门、配件等还需要满足消防的要求。

旋翼式水表需要水平安装，当垂直安装时水流方向必须自下而上。

水表前后直线管段的最小长度需要符合水表产品的要求。一般情况下，螺翼式水表的前端需要有 8 ～ 10 倍水表公称直径的直线段，其他类型表前后，宜有不小于 300mm 的直线段。

分户水表的安装做法如图 1-2 所示。

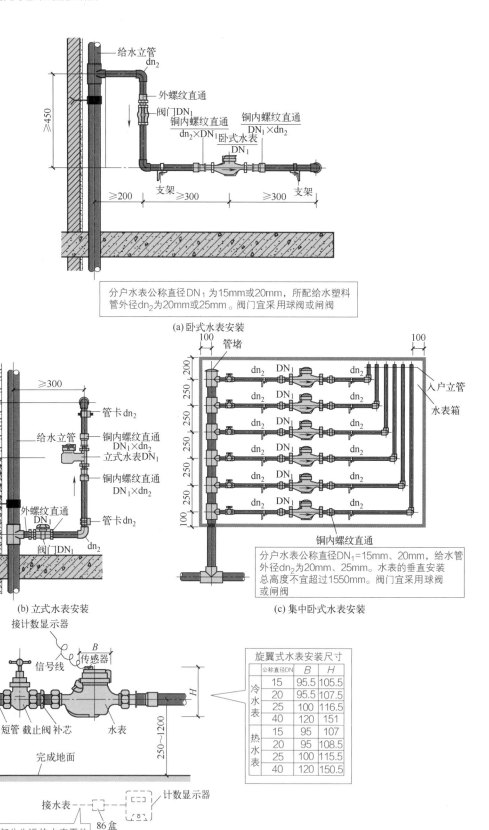

(a) 卧式水表安装

分户水表公称直径DN₁为15mm或20mm，所配给水塑料管外径dn₂为20mm或25mm。阀门宜采用球阀或闸阀

(b) 立式水表安装

(c) 集中卧式水表安装

分户水表公称直径DN₁=15mm、20mm，给水管外径dn₂为20mm、25mm。水表的垂直安装总高度不宜超过1550mm。阀门宜采用球阀或闸阀

旋翼式水表安装尺寸			
公称直径DN		B	H
冷水表	15	95.5	105.5
	20	95.5	107.5
	25	100	116.5
	40	120	151
热水表	15	95	107
	20	95	108.5
	25	100	115.5
	40	120	150.5

(d) 远传水表安装

(e) 水表安装现场图

图1-2　分户水表的安装做法（单位：mm）

 一点通

　　生活饮用水是指水质符合国家生活饮用水卫生标准的用于日常饮用、洗涤等的生活用水。

　　生活污水是指人们日常生活中排泄的粪便污水。

　　生活废水是指人们日常生活中排出的洗涤水。

　　生活排水是指居民在日常生活中排出的生活污水、生活废水的总称。

1.2.2　水表井的安装做法

　　装设水表的地点要求如下：

　　（1）需要设置在便于水表读数、便于水表检修的地点。

　　（2）水表不被暴晒、不致冻结、不被任何液体与杂质所淹没、不受碰撞的地方。

　　（3）室外水表需要设在水表井内。

　　水表井安装做法如图 1-3 所示。水表井分为无旁通管无止回阀或倒流防止器管路、有旁通管无止回阀或倒流防止器管路等类型。

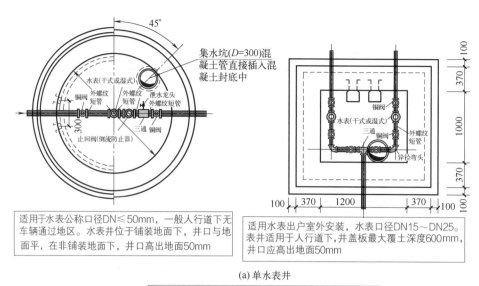

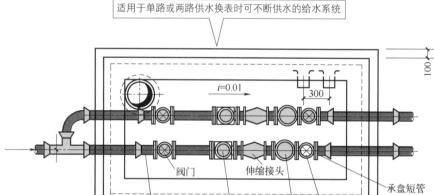

图1-3　水表井安装做法（单位：mm）

 一点通

建筑给水系统施工做法要求

（1）暗设管道的阀门处需要留检修门，并且保证检修方便与安全。

（2）各种水泵、仪表、供水设备、阀门及管件，均需要有防腐保护措施。如果采用的防腐措施不足或设备处于腐蚀性的环境中时，则需要采取刷防腐漆、缠绕防腐材料或其他有效的防腐措施。

（3）敷设在有可能结冻的房间、管井、地下室、管沟等地方的给水管道及附件、水箱、水表等需要有防冻保温措施。

1.2.3　防冻给水栓的安装做法

有的防冻给水栓是由上阀体、下阀体、连接管等组成。阀门材料分为青铜、铸钢、PPR等种类。

防冻给水栓的安装做法如图 1-4 所示。

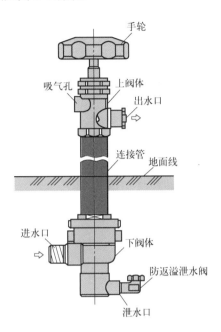

图 1-4　防冻给水栓的安装做法

 一点通

生活饮用水是指水质符合国家生活饮用水卫生标准的用于日常饮用、洗涤等的生活用水。自建供水设施的供水管道严禁与城镇供水管道直接连接。生活饮用水管道严禁与建筑中水、回用雨水等非生活饮用水管道连接。生活饮用水给水系统不得因管道、设施产生回流而受污染，需要根据回流性质、回流污染危害程度，采取可靠的防回流措施。

1.2.4　防冻阀门的安装做法

防冻阀门主要用于保护管路、阀门、泵、喷嘴等的设备以防冻结冻裂。有种防冻阀门，能够在温度低于设计温度时自动打开，到一定温度时全开而并不需要任何外力作用，可以使得系统在冻裂前迅速完全排净冷却水，而在温度高于设计温度时自动关闭，从而使系统能够恢复工作。

防冻阀门的安装做法分为水表前安装做法、水表后安装做法，如图 1-5 所示。

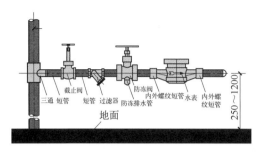

(a)防冻阀水平式水表前安装

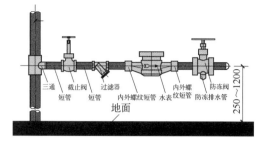

(b)防冻阀水平式水表后安装

图1-5　防冻阀门的安装做法（单位：mm）

1.2.5　水锤消除器的安装做法

水锤消除器是一种能有效消除高压水流的装置，其可以有效地消除水流的能量，减轻水流的压力，从而改善水流的流态。

水锤消除器一般需要安装在水泵出口处、水龙头处、管道转弯处等位置，以便有效地解决水锤问题。

水锤消除器一般需要安装在水泵出水总管水流方向止回阀或控制阀后，不得安装在止回阀前。

水锤消除器的安装方向应该与水流方向相同。这样可以使水流顺畅地通过设备，减少水压力的波动。

安装水锤消除器前，需要检查水锤消除器的紧固件、密封件是否完好无损。如果发现损坏或老化，则需要及时更换。

水锤消除器的安装做法如图1-6所示。

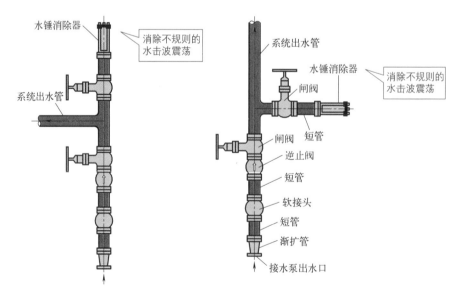

图1-6　水锤消除器的安装做法

1.2.6　立式阀门井的安装做法

立式阀门井的安装做法如图 1-7 所示。

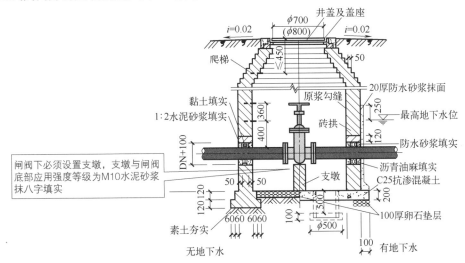

图 1-7　立式阀门井的安装做法（单位：mm）

1.2.7　倒流防止器井的安装做法

倒流防止器又叫做防污隔断阀。倒流防止器一般是由两个隔开的止回阀（一个进水止回阀、一个回水止回阀）和一个液压传动的泄水阀组成。

倒流防止器应安装在水平位置，并且这个位置应方便调试、检修。倒流防止器两端宜安装维修闸阀，进口前宜安装过滤器，并且至少应有一端装有挠性接头。

倒流防止器的泄水阀排水口不应直接与排水管道固定连接，而应通过漏水斗排放到地面上的排水沟，并且漏水斗下端面与地面距离不得小于 300mm。

倒流防止器井分为无旁通管倒流防止器井、有旁通管倒流防止器井，如图 1-8 所示。

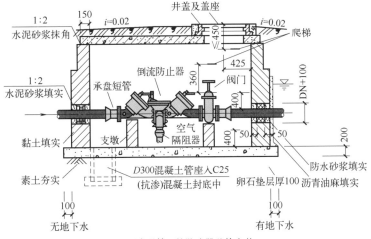

(a) 无旁通管倒流防止器井的安装

图 1-8

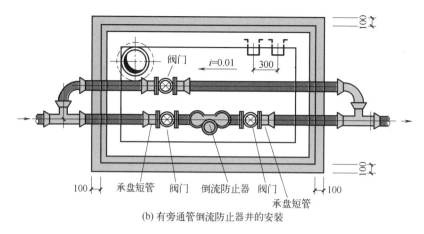

(b) 有旁通管倒流防止器井的安装

图1-8　倒流防止器井的安装做法（单位：mm）

1.2.8　泄压阀的安装做法

泄压阀根据系统的工作压力能自动启闭，一般安装在封闭系统的设备或管路上保护系统的安全。设备或管道内压力超过泄压阀设定压力时，其可以自动开启泄压，从而保证设备、管道内介质压力在设定压力之下，进而保护了设备、管道，防止了意外发生。

泄压阀的安装做法如图1-9所示。

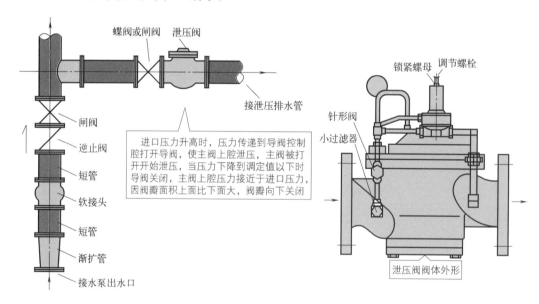

图1-9　泄压阀的安装做法

1.2.9　支管减压阀的安装做法

水管管路中的减压阀主要用于降低系统某一支路的水液压力，使同一系统能有两个或多个不同压力的回路。

减压阀一般用在需减压或稳压的工作场合。

支管减压阀的安装做法如图 1-10 所示。

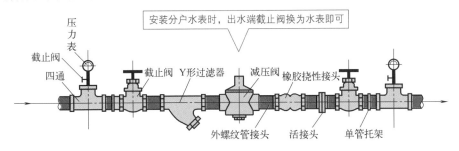

图 1-10　支管减压阀的安装做法

 **一点通**

溢流阀调定压力为进口处压力；减压阀调定压力为出口处压力。

1.2.10　比例式减压阀的安装做法

比例式减压阀根据阀两端截面积不同实现减压，其既可以减动压又可以减静压。比例式减压阀减压比一般为 2：1、3：1、4：1，其减压比不宜太大。如果需要较高减压比时，则可以采用两个比例式减压阀串联安装。

比例式减压阀的安装做法如图 1-11 所示。

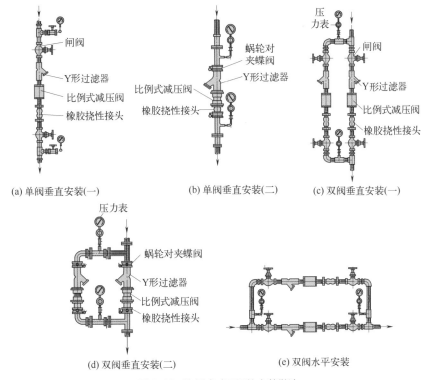

图 1-11　比例式减压阀的安装做法

1.2.11 弹簧压力表的安装做法

管道保温时管接头的尺寸适当加大，以保证截止阀在保温层外。压力表的接头规格为G1/2时，压力表可直接接入管道中具有DN15内螺纹接头的管件中。

弹簧压力表取压口在高处或在低处时，可以用导压管将压力表引到低处或高处，即长安装。弹簧压力表测量液体压力，压力取源部件在水平和倾斜的工艺管道上安装时，取压口在工艺管道的下半部与工艺管道的水平中心线成0～45°夹角的范围内；弹簧压力表测量气体压力，压力取源部件在水平和倾斜的工艺管道上安装时，则在工艺管道的上半部；弹簧压力表测量蒸汽压力，压力取源部件在水平和倾斜的工艺管道上安装时，在工艺管道的上半部及下半部与工艺管道水平中心线成0～45°夹角的范围内。

弹簧压力表的安装做法如图1-12所示。

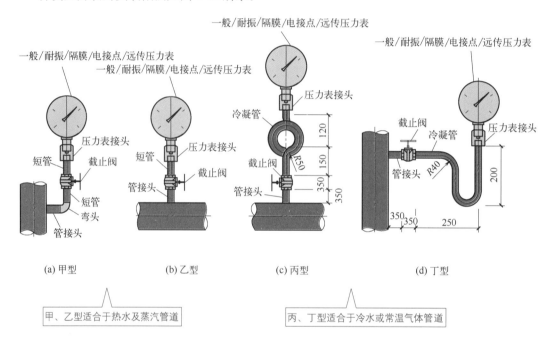

图1-12　弹簧压力表的安装做法（单位：mm）

1.2.12 冷热水分水器的安装做法

冷热水管的分水器出口路数不同，则选择分水器自配的出口数也不同。分水器安装组件可以明装或暗装，暗装时需要设分水器箱，明装分水器是否设分水器箱根据设计等要求来决定。

分水器有二路分水器、三路分水器、四路分水器、五路分水器、六路分水器、单排分水器、双排分水器等类型。分水器一端为外螺纹接口，另外一端封堵。也有一端为外螺纹接口，另外一端为内螺纹接口等类型。

分水器的外径常见的有26mm、34mm、40mm、42mm、50mm、63mm等。

冷热水分水器的安装做法如图1-13所示。通常，安装分水器需要在进水管道上安装适配器，再使用扳手将分水器连接到适配器上。

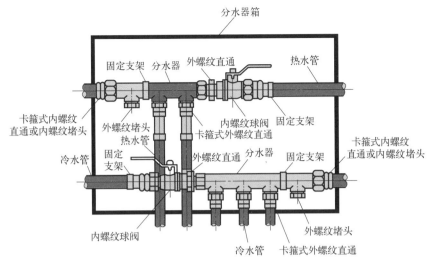

(a) 冷热水分水器的安装(一)

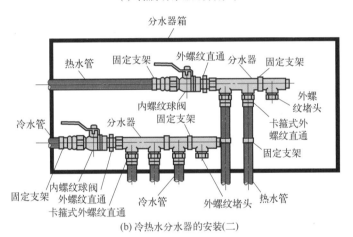

(b) 冷热水分水器的安装(二)

图1-13　冷热水分水器的安装做法

 一点通

　　管道安装时，管道内外和接口位置，需要清洁无污物。安装过程中，需要严防施工碎屑落入管中，管道接口不得设置在套管内，施工中断和结束后需要对敞口部位采取临时封堵措施。建筑中水、雨水回用、海水利用管道严禁与生活饮用水管道系统连接。

1.2.13　水箱的安装做法

　　建筑中的水箱主要用于生活冷水、生活热水、中水、消防水等给水贮存。

　　水箱常见的附件有：出水管、进水管、上锁人孔、内外人梯、泄水管、水位计、透气管（带滤网）、溢流管、药液管等。

水箱高度大于等于 1500 mm 时，一般要求设内外人梯。

考虑水箱箱壁强度，其开孔一般要求不得大于 200mm 接管。凡是经设计计算管径大于 200mm 者需要设置两根。

水泵高低电控水位需要考虑保持一定的安全容积，高水位需要低于溢水位不少于 100mm，低水位高于设计最低水位不少于 200mm。

水箱利用市政管网进水时，进水管出口需要装设液压阀或浮球阀控制。管径大于等于 50 mm 时，需要设置两个进水口。如果利用加压泵进水时，需要设置水位控制加压泵启闭，可不装设液压阀或浮球阀。

水箱有装配式钢板给水箱、装配式搪瓷钢板给水箱、装配式喷塑钢板给水箱、内喷涂冲压钢板给水箱、装配式不锈钢板给水箱等种类，如图 1-14 所示。

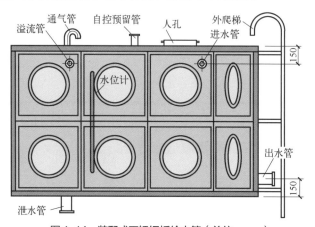

图 1-14　装配式不锈钢板给水箱（单位：mm）

不锈钢板给水箱安装时，需要首先确保底部平整稳固，以及基础建设可靠。然后安装水箱支架、组装焊接水箱、连接管道、安装配件、连接电源、检查和测试等。

 一点通

建筑中水利用的要求

（1）建筑中水水质需要根据其用途确定，当分别用于多种用途时，需要根据不同用途水质标准进行分质处理。当同一供水设备、管道系统同时用于多种用途时，其水质需要根据最高水质标准确定。

（2）建筑中水处理系统需要设有消毒设施。

（3）采用电解法现场制备二氧化氯，或处理工艺可能产生有害气体的中水处理站，需要设置事故通风系统。事故通风量应根据扩散物的种类、安全、卫生浓度要求，按全面排风计算来确定。

（4）建筑中水不得用作生活饮用水水源。

（5）医疗污水、放射性废水、生物污染废水、重金属及其他有毒有害物质超标的排水，不得作为建筑中水原水。

1.2.14　水泵的安装做法

水泵的类型有卧式离心泵、立式多级离心泵、单级单吸离心泵、轴冷变频泵、恒压切线泵、变流稳压消防泵、潜水消防泵等。

水泵安装分为分体组装、整体安装。分体组装是指水泵泵体与电机分别装箱出厂，要分别把泵体与电机装在混凝土基础上，然后进行水泵泵体和电机的安装、连接。整体安装是指出厂时已经把水泵、电动机与铸铁机座组合在一起，现场机座就位后找正、找平即完成安装。

水泵的安装方法有地面（不减振）安装、橡胶隔振垫减振安装、阻尼弹簧减振器减振安装、橡胶剪切隔振器减振安装等种类，如图 1-15 所示。

水泵整机在基础上就位，机座中心线需要与基础中心线重合。为此，安装时应首先在基础上画出中心线位置。

水泵进口管道、出口管道安装需要在对中找正后进行。管道安装前，需要清除管道内所有污物、铁锈、水垢、焊渣、其他外来物质。

相互连接的法兰端面需要平行，螺纹管接头轴线要对中，不得借法兰螺栓和管道接头强行连接。

吸入管道、输出管道需要有各自的支架，不得直接以泵体承受管道的重量。

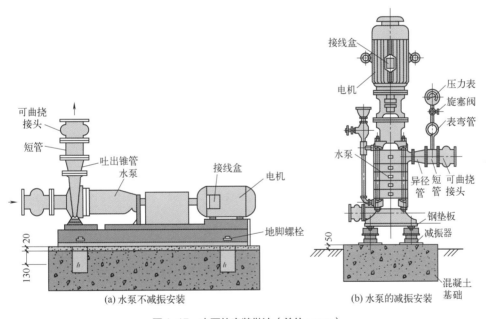

(a) 水泵不减振安装　　(b) 水泵的减振安装

图 1-15　水泵的安装做法（单位：mm）

 一点通

二次加压与调蓄是指当民用与工业建筑生活饮用水对水压、水量、水质的要求超出城镇公共供水或自建设施供水管网能力时，通过储存、加压、处理等设施经管道供给用户或自用的供水方式。二次加压与调蓄设施不得影响城镇给水管网正常供水。

1.3　排水工程

1.3.1　排水管基础做法

对于排水管渠的断面形式，从静力学角度需要一定的抗荷载能力，坚固稳定，抗压抗折，不破裂不变形；从水力学角度需要尽可能大的排水能力，不淤积，不沉淀；从管理维护角度需要便于疏通、清洗等。

排水管渠的断面形式如图 1-16 所示。

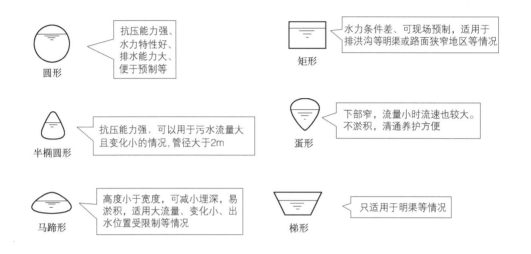

图 1-16　排水管渠的断面形式

常用的排水管渠如图 1-17 所示。

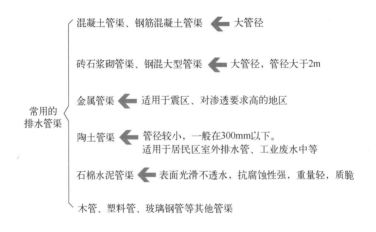

图 1-17　常用的排水管渠

排水管基础做法如图 1-18 所示。当槽基土质较好或施工时地下水位低于槽基时，可取消砂砾石垫层。

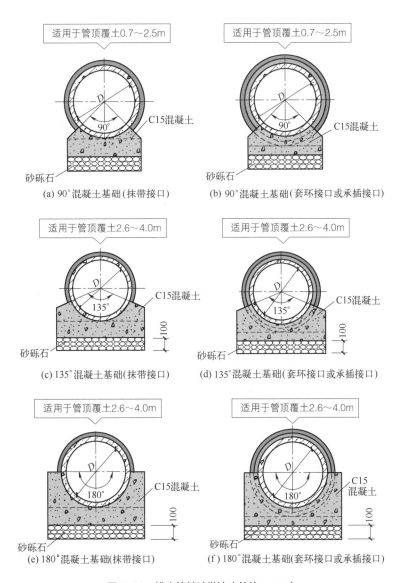

图 1-18 排水管基础做法（单位：mm）

1.3.2 雨水斗的安装做法

雨水斗，就是整个雨水管道系统的进水口，如图 1-19 所示，其主要作用是最大限度地排泄雨、雪水，以及对进水具有整流、导流作用，使水流平稳，稳定斗前水位，避免形成过大的漩涡，以及具有减少系统的掺气，拦截粗大杂质等作用。

图 1-19 雨水斗

雨水斗的参考选用如图 1-20 所示。安装有压流雨水斗的屋面天沟、檐沟的尺寸（宽 ×
高）应为 600mm × 400mm。一个排水系统的屋面天沟、檐沟要在同一水平面上。平屋面一般
采用 DN50 的雨水斗，天沟、檐沟一般选择采用 DN50 或 DN75 的雨水斗。

雨水斗类型	87型雨水斗			雨水斗类型	虹吸式雨水斗				
规格　DN	75(80)	100	150	尾管直径De	56	90	110	125	160
额定泄流量/(L/s)	6.0	12.0	26.0	额定泄流量/(L/s)	12	25	45	60	100
斗前水深/mm	—	—	—	斗前水深/mm	35	55	80	85	105

87型雨水斗选用　←　　　　　　　　　　　　　　　　　→　虹吸式雨水斗选用

图 1-20　雨水斗参考选用

有雨水斗的建筑物屋面，一般会设置溢流口、溢流堰、溢流管系等应急溢流设施。

屋面施工时，需要注意不得使密封膏进入雨水斗、短管内壁，否则需要清除干净，以免
影响过水断面。

雨水斗的安装做法如图 1-21 所示。

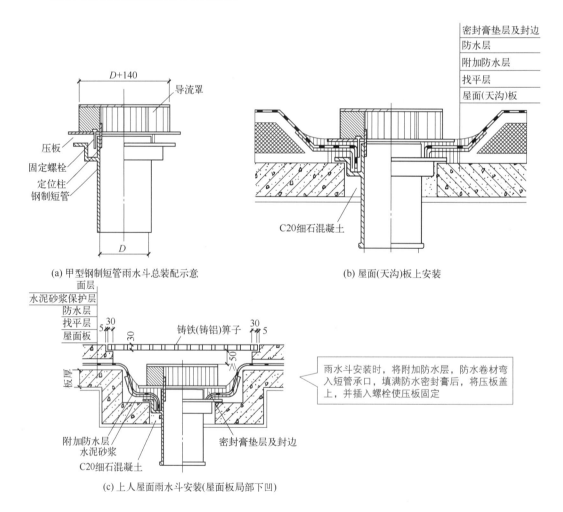

(a) 甲型钢制短管雨水斗总装配示意

(b) 屋面(天沟)板上安装

雨水斗安装时，将附加防水层，防水卷材弯入短管承口，填满防水密封膏后，将压板盖上，并插入螺栓使压板固定

(c) 上人屋面雨水斗安装(屋面板局部下凹)

图 1-21　雨水斗的安装做法（单位：mm）

 **一点通**

雨水控制与利用是径流总量、径流峰值、径流污染控制设施的总称，包括雨水入渗（渗透）、收集回用、调蓄排放等。中水是指各种排水经处理后，达到规定的水质标准，可以在生活、市政、环境等范围内利用的非饮用水。建筑中水是建筑物中水和建筑小区中水的总称。

1.3.3 砖砌室内排水阀门井的施工做法

阀门井是指地下管线及地下管道的阀门为了在需要进行开启、关闭部分管网操作或者检修作业时方便，设置类似小房间的一个坑井，并且将阀门等安装布置在井里，以便检查、清洁、疏通管道，是防止管道堵塞的一种枢纽。

阀门井一般的结构分为井盖部分、井壁部分、底板部分等。砖砌室内排水阀门井的施工做法如图 1-22 所示。

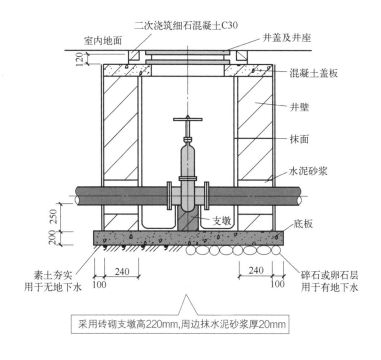

图 1-22 砖砌室内排水阀门井的施工做法（单位：mm）

砖砌室内排水阀门井在施工前，应检查阀门井位置是否有水。如果有水，则必须抽干，并且清淤泥后压实。排水阀门井垫层浇筑一般采用 C10 混凝土，厚度大约为 10cm。

检查井盖的外形与规格如图 1-23 所示。

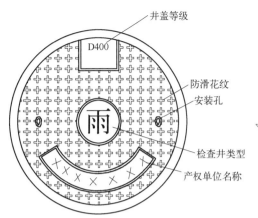

检查井盖的规格		
使用场所	人行道、非机动车道、小车和地下停车场、绿化带	快速路、主干道、次干道、支路等机动车行驶区域
最低选用等级	B200	D400
试验荷载/kN	200	400

图 1-23　检查井盖的外形与规格

 一点通

　　室外检查井井盖需要有防盗、防坠落措施。检查井、阀门井井盖上，需要具有属性标识。位于车行道的检查井、阀门井，需要采用具有足够承载力与稳定性良好的井盖与井座。

1.3.4　集水坑与污水泵的安装做法

扫码看视频

集水坑与污水泵

　　建筑排水工程中，一般是通过管道系统进行排水的。一般情况下，排水会先经过预处理，再排放到集水坑中。集水坑是用于收集、储存排水的一种设施，常位于地下，可以采用混凝土结构或者地下水箱结构。

　　排水排放到外部环境前，经过排污泵进行排放。排污泵是一种主要用于将液体从低处抽到高处的设备，常用于将排水从集水坑中抽出，并且排放到外部环境中。

　　集水坑与污水泵的安装做法如图 1-24 所示。

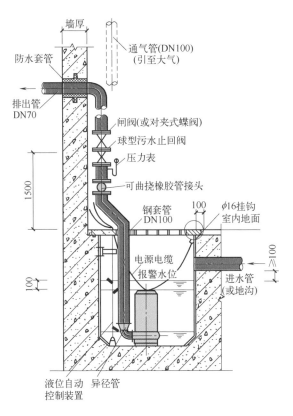

图 1-24　集水坑与污水泵的安装做法（单位：mm）

1.3.5　PVC-U 管的安装做法

扫码看视频

PVC-U 排水管
的安装做法

PVC-U 管如图 1-25 所示。PVC-U 管连接方式主要有两种：一种为弹性密封圈连接，如图 1-26 所示，主要适用于 Φ63 以上的管材；一种为溶剂粘接，主要适用于 Φ110 以下的管材。PVC-U 管立管安装做法如图 1-27 所示。

图 1-25　PVC-U 管

图 1-26　密封圈连接

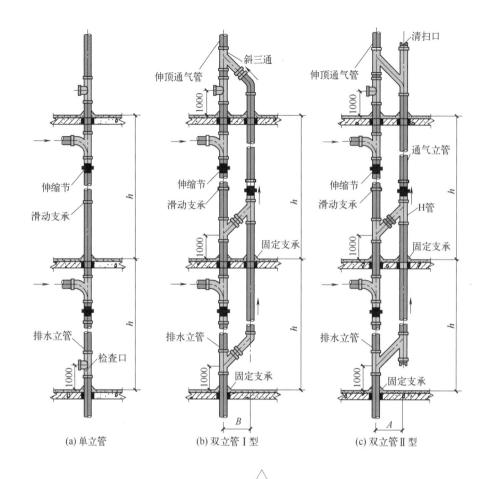

楼层高 h≤4.0m(De50,h≤3.0m) 时, 每层只设 一个滑动支承。h>4.0m(De50,h>4.0m) 时, 需设两个滑动支承。	排水立管(伸顶通气管)尺寸	A	B	排水立管(伸顶通气管)	A	B
	110×75	180	209	160×110	220	289
	110×110	180	263	160×160	–	363

图1-27 PVC-U管立管安装做法（单位: mm）

PVC-U管道的口径大于100mm时, 三通、四通、弯头、异径管、闸阀处均需要根据管内压力, 计算出轴向推力, 设置止推墩、固定墩、防滑墩等。

1.3.6 PVC-U管伸缩节的安装做法

立管、非埋地管一般要设置伸缩节。悬吊横干管上设置伸缩节的方式需要结合支承情况来确定。悬吊横支管上伸缩节间的最大间距不宜超过4m, 超过4m时, 需要根据管道设计伸缩量和伸缩节最大允许伸缩量来确定。

层高小于或等于4m时, 污水立管与通气立管一般需要每层设一个伸缩节。

层高大于4m时, 一般需要根据管道设计伸缩量与伸缩节最大允许伸缩量来确定。横吊管设置伸缩节需要结合支承情况来确定, 悬吊横管上伸缩节间的最大间距不宜超过4m, 如果超过4m, 需要根据计算来确定。为了使立管连接支管处位移最小, 伸缩节设置需要靠近水流汇合管件。

PVC-U 管伸缩节的安装做法如图 1-28 所示。

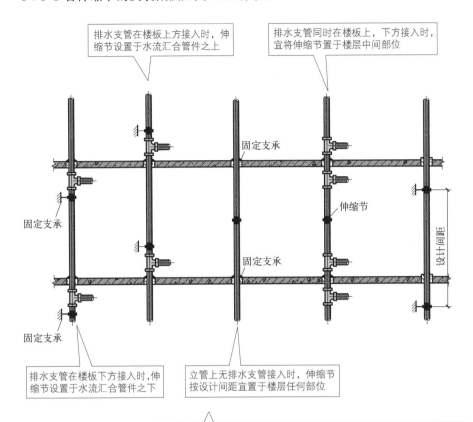

(a) PVC-U管伸缩节的安装做法一

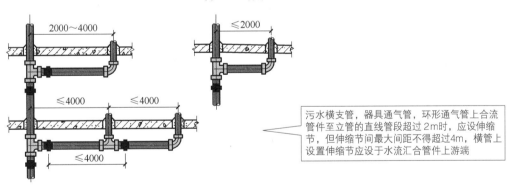

(b) PVC-U管伸缩节的安装做法二

图 1-28

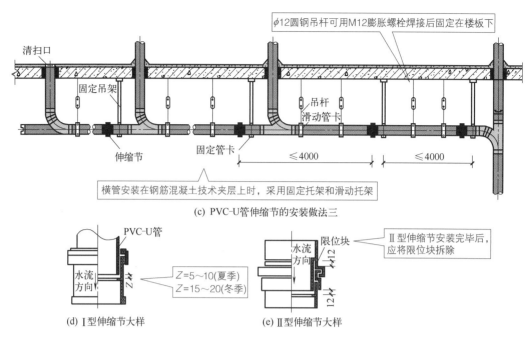

图1-28　PVC-U 管伸缩节的安装做法（单位：mm）

1.3.7　PVC-U 管墙基留洞、穿地下室外墙与穿检查井壁安装做法

PVC-U 管墙基留洞、穿地下室外墙与穿检查井壁安装做法如图 1-29 所示。胶合剂粘接 PVC-U 管的安装步骤如图 1-30 所示。

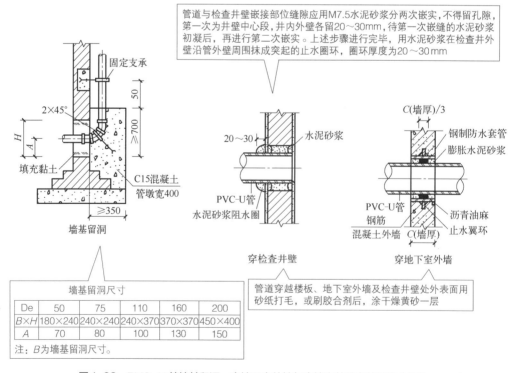

De	50	75	110	160	200
$B \times H$	180×240	240×240	240×370	370×370	450×400
A	70	80	100	130	150

注：B 为墙基留洞尺寸。

图1-29　PVC-U 管墙基留洞、穿地下室外墙与穿检查井壁安装做法（单位：mm）

图 1-30 胶合剂粘接 PVC-U 管的安装步骤

1.3.8 PVC-U 管穿楼板、屋面板的安装做法

PVC-U 管穿楼板、屋面板的安装做法如图 1-31 所示。

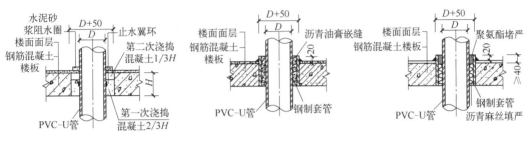

(a) 穿楼板做法一   (b) 穿楼板做法二   (c) 穿楼板做法三

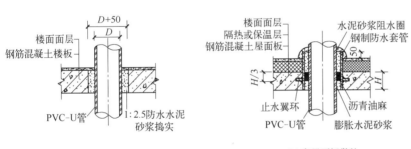

(d) 穿楼板做法四   (e) 穿屋面板做法

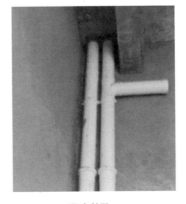

(f) 实拍图

图 1-31 PVC-U 管穿楼板、屋面板的安装做法（单位：mm）

1.3.9　PVC-U 管防火套管的安装做法

PVC-U 管防火套管的安装做法如图 1-32 所示。

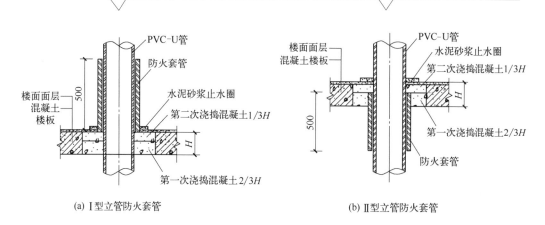

图 1-32　PVC-U 管防火套管的安装做法（单位：mm）

第2章
供暖与采暖工程

2.1 供暖与采暖工程基础

2.1.1 供暖设备计量单位及符号

供暖设备是指用于建筑内供暖的各种设备。供暖锅炉、暖风机、散热器、空气加热器等均属于供暖设备。

供暖设备计量单位及符号见表 2-1。

表 2-1 供暖设备计量单位及符号

量的名称	计量单位		说明
	单位名称	单位符号	
供暖设备额定供热量	千瓦	kW（H）①	供暖设备在规定工况下单位时间供给的热量
散热设备散热面积	平方米	m²	散热设备散热的表面积
换热设备传热系数	瓦每平方米开［尔文］	W/(m²·K)	换热设备冷热流体之间单位温差作用下，单位面积通过的热流量
散热器标准散热量	瓦每片或瓦每组或瓦每平方米	W/片或 W/组或 W/m²	在标准测试工况下的散热器散热量
散热器散热面积	平方米每片	m²/片	每片散热器的散热表面积
散热器工作压力	兆帕［斯卡］	MPa	保证散热器正常工作时允许的最大压力
散热器传热温差	开［尔文］	K	散热器内热媒平均温度与室内计算温度之差
散热器水流量	千克每小时或立方米每小时	kg/h 或 m³/h	水流经散热器的总质量流量或总体积流量
散热器质量	千克	kg	散热器未充水时的质量
散热器金属热强度	瓦每千克开［尔文］	W/(kg·K)	散热器在标准测试工况下，每单位过余温度下单位质量金属的散热量
散热器标准过余温度	开［尔文］	K	标准测试工况下的散热器进出水平均温度与基准空气温度的差值（44.5K）

续表

量的名称	计量单位		说明
	单位名称	单位符号	
电散热器额定输入功率	千瓦	kW	电散热器在额定电压和额定电流下进行正常运行时的输入功率，通常制造厂标注于产品铭牌和产品样本上
电散热器输入功率	千瓦	kW	在额定电压下，电散热器满负荷工作时实际消耗的功率
蓄热式电散热器蓄热量	千瓦时	kW·h	蓄热式电散热器在最大蓄热工况和最大放热工况下连续24h工作，每个蓄热过程所贮存的热量
蓄热式电散热器蓄热耗电量	千瓦时	kW·h	蓄热式电散热器在最大蓄热工况和最大放热工况下连续24h工作，每个蓄热过程所输入的累积电量
蓄热式电散热器蓄热率	百分率	%	蓄热式电散热器在最大蓄热工况和最大放热工况下连续24h工作，蓄热量和蓄热耗电量的比值
辐射供暖辐射面单位面积散热量	瓦每平方米	W/m^2	辐射供暖辐射面单位面积辐射传热量和对流传热量之和
空气加热器额定供热量	千瓦	kW(H)[①]	空气加热器在额定试验工况下的总显热加热量
空气加热器风量	立方米每小时	m^3/h	单位时间通过空气加热器的空气体积流量
空气侧压力损失	帕［斯卡］	Pa	空气流过空气加热器的压力降，又称空气侧阻力。用于空气动力计算
水侧压力损失	千帕［斯卡］	kPa	水流过空气加热器的压力降，又称水侧阻力。用于管道水力计算
暖风机额定供热量（名义供热量）	千瓦	kW(H)[①]	额定工况下，暖风机单位时间供给空气的热量
暖风机额定风量	立方米每小时	m^3/h	额定工况下，暖风机出口截面单位时间空气的体积流量
暖风机出口空气温度	摄氏度	℃	暖风机出口处热风的平均温度
换热器公称换热面积	平方米	m^2	将计算得到的换热器外表面积圆整为整数后的计算换热面积
换热机组的额定热功率	兆瓦	MW(H)[①]	额定工况下，换热机组单位时间的换热量
热媒温度	摄氏度	℃	供给供暖设备的介质温度
热媒蒸汽压力	兆帕［斯卡］或千帕［斯卡］	MPa或kPa	热媒为蒸汽时的供汽压力
蒸汽锅炉额定蒸发量	吨每小时	t/h	蒸汽锅炉在额定工况下，保证一定效率的单位时间最大连续蒸发量
锅炉额定热功率	兆瓦	MW(H)[①]	锅炉在额定工况下，保证一定效率的单位时间最大连续产热量

量的名称	计量单位		说明
	单位名称	单位符号	
供暖锅炉热效率	百分率	%	供暖锅炉有效利用热量与锅炉输入热量之比
锅炉受热面蒸发率	吨每平方米小时或千克每平方米小时	t/(m²·h) 或 kg/(m²·h)	单位面积受热面每小时所产生的蒸发量
电加热锅炉额定热功率	兆瓦或千瓦	MW(H)[①]或 kW(H)[①]	电加热锅炉在额定电压和额定电流下进行正常运行时的热功率，通常制造厂标注于铭牌上
热水蓄热装置可利用温差	开[尔文]	K	蓄热式电加热锅炉系统中与热水锅炉配用的蓄热装置，可利用温差为设计时的额定蓄热温度与满足供热要求的最低释热供水温度之差
热水蓄热装置有效水容积	立方米	m³	蓄热式电加热锅炉系统中与热水锅炉配用的蓄热装置中，所储存的水实际参与蓄热或释热工艺流程的容积
相变蓄热材料储热密度	千焦每千克或千焦每立方米	kJ/kg 或 kJ/m³	相变蓄热材料单位质量或单位体积储存的热量
太阳能集热器总面积	平方米	m²	整个集热器的最大投影面积，不包括固定和连接传热介质管道的组成部分
太阳能集热系统效率	百分率	%	指定时间段内，太阳能集热系统的得热量与在系统集热器总面积上入射的太阳总辐照量之比
太阳能保证率	百分率	%	太阳能供热供暖系统中由太阳能供给的热量占太阳能集热系统设计负荷的百分率
太阳能负荷率	百分率	%	设计状态下，由太阳能提供的热量占系统总热负荷的百分比
太阳能贡献率	百分率	%	太阳能在某个时段提供的热量与该时段供暖所需要的热量的比值
膨胀水箱有效容积	立方米	m³	热水系统中对水体积的膨胀和收缩起调剂补偿等作用的水箱内部有效体积

① 为将热量单位与用电量单位区分，在千瓦（kW）或兆瓦（MW）后增加（H）作为热量单位。

2.1.2 建筑供暖系统的类型

建筑供暖系统的类型如图 2-1 所示。

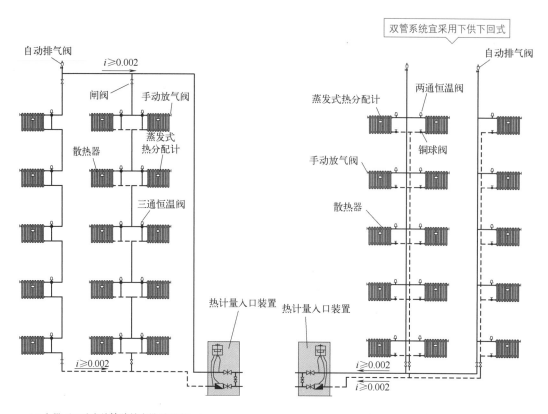

(a) 上供下回垂直单管跨越式供暖系统(一)

(b) 下供下回垂直双管供暖系统(一)

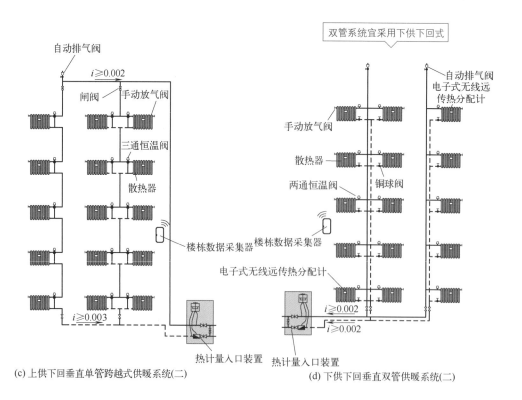

(c) 上供下回垂直单管跨越式供暖系统(二)

(d) 下供下回垂直双管供暖系统(二)

图 2-1　建筑供暖系统的类型

2.2 供暖与采暖工程施工做法

2.2.1 供暖管道穿楼板施工做法

供暖管道穿楼板施工做法如图 2-2 所示。

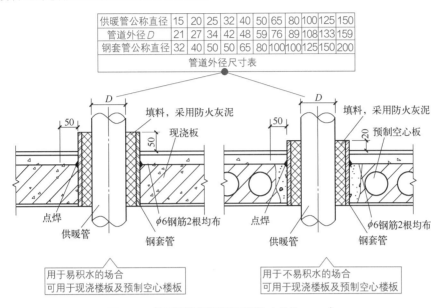

供暖管公称直径	15	20	25	32	40	50	65	80	100	125	150
管道外径 D	21	27	34	42	48	59	76	89	108	133	159
钢套管公称直径	32	40	50	50	65	80	100	100	125	150	200

管道外径尺寸表

图 2-2　供暖管道穿楼板施工做法（单位：mm）

2.2.2 暖风机配管做法

暖风机配管时，根据暖风机不同，具体配管做法有差异。例如热水型暖风机配管、蒸汽型暖风机配管的做法如图 2-3 所示。

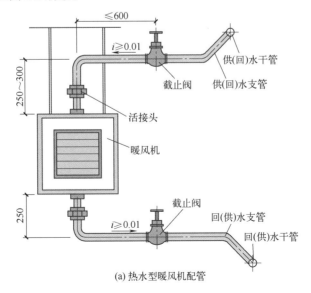

(a) 热水型暖风机配管

图 2-3

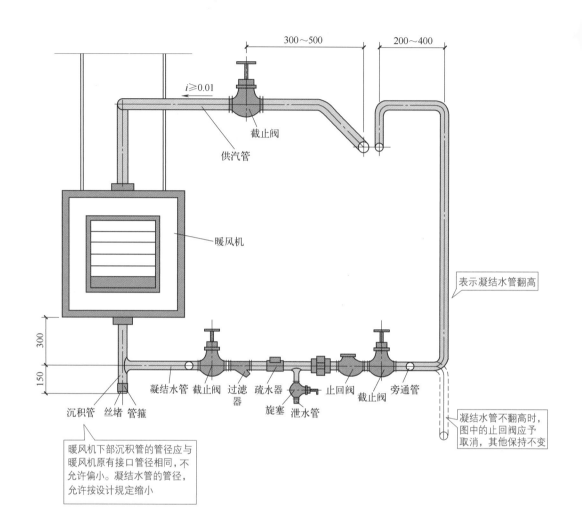

(b) 蒸汽型暖风机配管

图 2-3　暖风机配管做法（单位：mm）

2.2.3　热水供暖入口装置做法

　　热力入口是指室外热网与用户系统连接的节点。安装热力入口装置是为了对用户系统进行调节、检测、计量。热力入口可以分为热水系统、蒸汽系统等类型。

　　热水供暖入口装置可以分为明装热水供暖入口装置、明装简易热水供暖入口装置、室内地沟安装热水供暖入口装置、室外地沟安装热水供暖入口装置、带热计量表热水供暖入口装置、地下室专用表计小室的热水供暖入口装置、楼梯间专用表计小室的热水供暖入口装置、带箱安装的热水供暖入口装置、蒸汽双截止阀减压入口装置等。

　　热水供暖入口装置做法如图 2-4 所示。

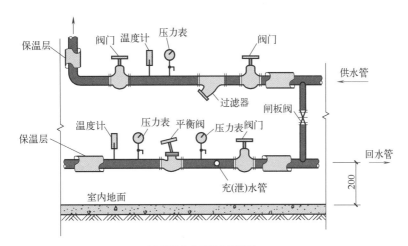

(a) 明装热水供暖入口装置

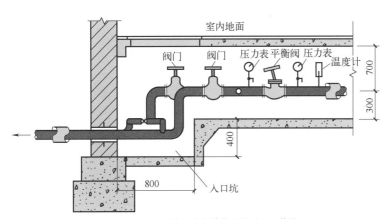

(b) 室内地沟安装热水供暖入口装置

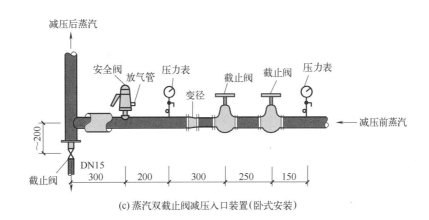

(c) 蒸汽双截止阀减压入口装置(卧式安装)

图 2-4　热水供暖入口装置做法（单位：mm）

2.2.4　热水地面辐射供暖系统加热管布置做法

热水地面辐射供暖系统加热管布置做法如图 2-5 所示。

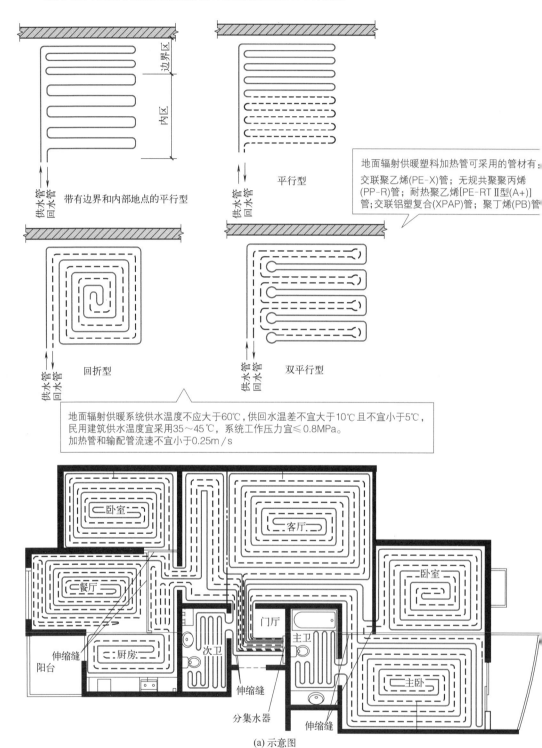

带有边界和内部地点的平行型

平行型

回折型

双平行型

地面辐射供暖塑料加热管可采用的管材有：
交联聚乙烯(PE-X)管；无规共聚聚丙烯
(PP-R)管；耐热聚乙烯[PE-RTⅡ型(A+)]
管；交联铝塑复合(XPAP)管；聚丁烯(PB)管

地面辐射供暖系统供水温度不应大于60℃，供回水温差不宜大于10℃且不宜小于5℃，
民用建筑供水温度宜采用35~45℃，系统工作压力宜≤0.8MPa。
加热管和输配管流速不宜小于0.25m／s

卧室

客厅

卧室

餐厅

厨房

次卫

门厅

主卫

主卧

伸缩缝
阳台

伸缩缝

分集水器

伸缩缝

(a) 示意图

(b) 实物图

图 2-5　热水地面辐射供暖系统加热管布置做法

2.2.5　热水地面辐射供暖系统分（集）水器安装做法

热水地面辐射供暖系统分（集）水器安装做法如图 2-6 所示。

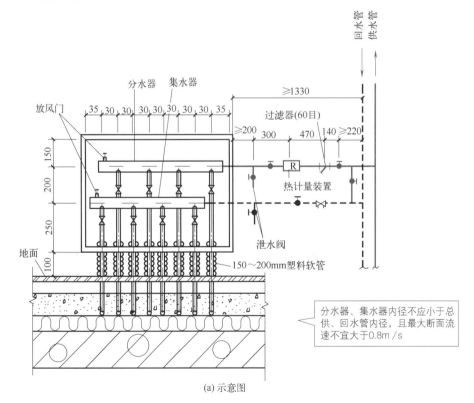

(a) 示意图

图 2-6

(b) 实物图

图 2-6　热水地面辐射供暖系统分（集）水器安装做法（单位：mm）

2.2.6　地暖温控施工做法

地暖温控方式有分配器温度控制、无线温度控制、自力式温度控制、手动温度控制等。

集中供热热水温度 >60℃时，采用混水的方法来降低地暖供水温度。地暖温控施工做法如图 2-7 所示。

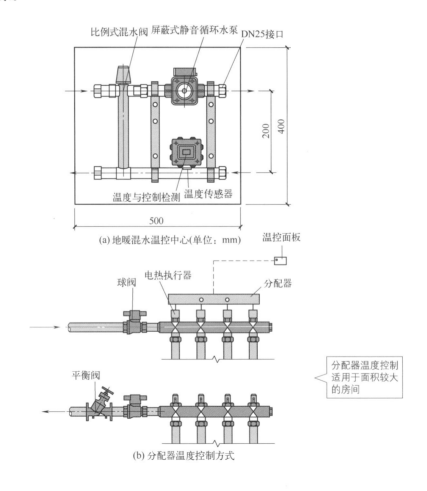

(a) 地暖混水温控中心(单位：mm)

(b) 分配器温度控制方式

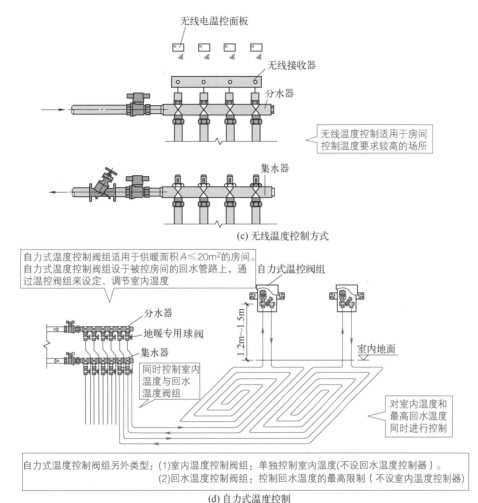

图 2-7 地暖温控施工做法

2.2.7 塑料管固定施工做法

塑料管可以采用塑料扎带绑扎固定、塑料卡钉（管卡）固定、管架（管托）固定等。塑料管固定施工做法如图 2-8 所示。

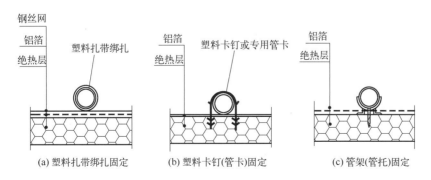

图 2-8 塑料管固定施工做法

2.2.8　压差调节器的安装做法

压差调节器的安装做法如图 2-9 所示。

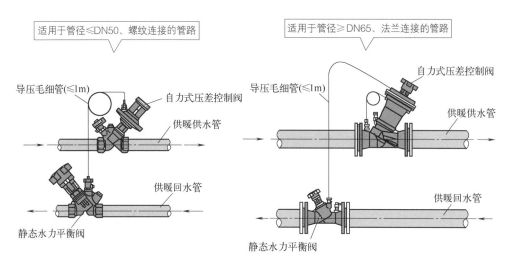

图 2-9　压差调节器的安装做法

2.2.9　散热器的安装做法

散热器的安装做法如图 2-10 所示。

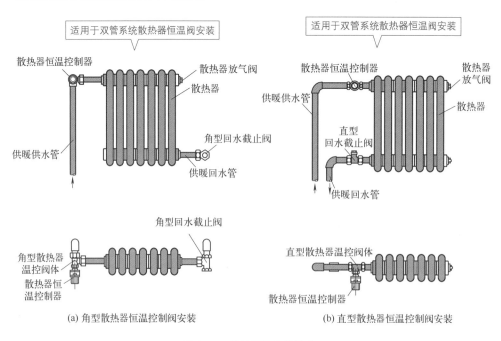

(a) 角型散热器恒温控制阀安装　　　　(b) 直型散热器恒温控制阀安装

图 2-10　散热器的安装做法

2.2.10　建筑供暖地面管道埋设做法

建筑供暖地面管道埋设做法如图 2-11 所示。

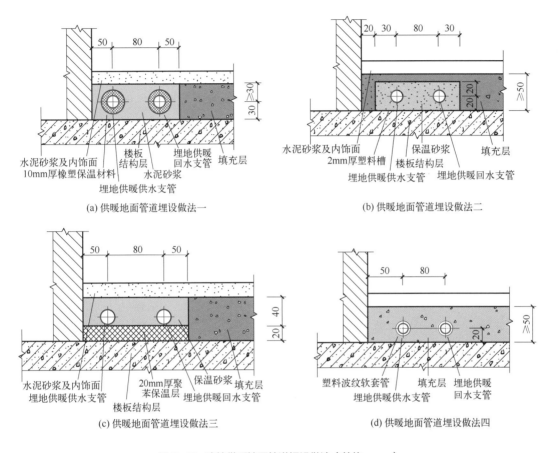

(a) 供暖地面管道埋设做法一

(b) 供暖地面管道埋设做法二

(c) 供暖地面管道埋设做法三

(d) 供暖地面管道埋设做法四

图 2-11　建筑供暖地面管道埋设做法（单位：mm）

第3章

建筑电气工程

3.1 建筑电气工程基础

3.1.1 建筑电气工程特点与功能

建筑电气工程的主要功能是输送、分配、应用电能，以及传递信息等。其中，所应用的电能主要是交流电。信息传递主要通过高频弱电或直流电。

电气系统的分类如图 3-1 所示。高层建筑中，电气配线主要包括强电、弱电等。强电配线管路一般包括普通照明管路、消防系统中的事故照明管路、动力管路、控制线路等。弱电配线管路一般包括电视系统、综合布线系统、电话系统、对讲及呼叫系统、火灾自动报警系统、楼宇自控系统、灭火系统、监控系统等。

根据电压高低分类
- 强电系统
- 弱电系统

根据功能分类
- 建筑动力系统
- 建筑电气照明系统
- 建筑弱电系统
- 供配电系统
- 减灾系统

图 3-1 电气系统的分类

室内电气照明系统的组成：室外接户线、进户线、配电盘（箱）、干线、支线、用电设备等。室内电气照明线路一般为 380V/220V 三相四线制、220V 单相二线制。

低压配电系统的组成：配电装置（配电盘）、配电线路等。低压配电系统的配电方式有放射式、树干式、混合式等。

低压配电系统的接地形式如图 3-2 所示。

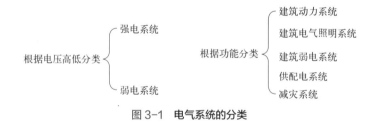

低压配电系统的接地形式
- TN系统：电力系统中性点直接接地，受电设备的外露可导电部分通过保护线与接地点连接
- TT系统：电力系统中性点直接接地，受电设备的外露可导电部分通过保护线接至与电力系统接地点无直接关联的接地极。保护线可各自设置
- IT系统：电力系统的带电部分与大地间无直接连接(或有一点经足够大的阻抗接地)，受电设备的外露可导电部分通过保护线接到接地极

图 3-2 低压配电系统的接地形式

一点通

室内配线工程的主要施工程序为：定位划线；预埋支持件；装设绝缘支持物、保护管；敷设导线；安装灯具、开关、电器设备；测试线路绝缘电阻；试通电、校验、自检等。

3.1.2　电线与电缆

电线与电缆的类型如图 3-3 所示。电线一般是由一根或几根柔软的导线组成，外面包以轻软的护层，一般用于直流 500V、交流 1kV 以下的情况。电缆一般是由一根或几根绝缘导线组成，外面再包以金属或橡皮制的坚韧外层，一般用于直流 500V、交流 1kV 以上的情况。

根据每根导线的股数，电线分为单股线、多股线。单股线又叫做硬线，多股线又叫做软线。通常 6mm^2 以上的绝缘导线是多股线，6mm^2 以下的可以是多股线，也可以是单股线。硬线一般用"B"表示，软线一般用"R"表示。

根据导电体的材质，电线电缆主要分为铜芯、铝芯两大类。其中，铝芯常用"L"表示。铝芯线由于重量轻，常用于架空线路、长途输电线路。铜芯线常用"T"表示（并且一般省略不写），其在工程中广泛采用。

电线电缆常用的绝缘材料有聚氯乙烯（"V"）、聚乙烯（"Y"）等。

绝缘电线根据固定在一起的导线根数，可以分为单芯线、多芯线。其中，也可以把多根单芯线固定在一个绝缘护套内作为多芯线。平行的多芯线一般"B"表示，绞型的多芯线一般用"S"表示。

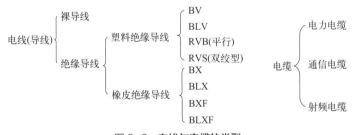

图 3-3　电线与电缆的类型

 一点通

配线用管材分为金属管、塑料管等。金属管分为厚壁钢管、薄壁钢管、金属波纹管、金属套管等。薄壁钢管采用螺纹连接加两端熔焊跨接接地线。厚壁钢管采用套管熔焊连接，不需做接地线。薄壁钢管由于防腐性能差，不得埋于土壤中或潮湿环境。薄壁钢管又因管壁薄，不得用于如地下车库等可能遭受重压的环境。薄壁镀锌钢管又分为 JDG 套接紧定式薄壁钢导管和 KBG 套接扣压式薄壁钢导管。

3.1.3 消防电气的要求

消防电气的要求如下。

（1）建筑高度大于 150m 的工业与民用建筑的消防用电需要符合的规定如下：

① 应根据特级负荷供电；

② 应急电源的消防供电回路需要采用专用线路连接到专用母线段；

③ 消防用电设备的供电电源干线需要有两个路由。

（2）除筒仓、散装粮食仓库及工作塔外，消防用电负荷等级不应低于一级的建筑如图 3-4 所示。

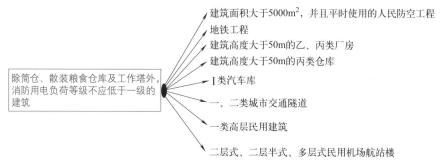

图 3-4　消防用电负荷等级不应低于一级的建筑

（3）消防用电负荷等级不应低于二级的建筑如图 3-5 所示。

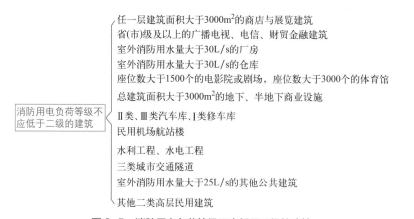

图 3-5　消防用电负荷等级不应低于二级的建筑

（4）建筑内消防应急照明和灯光疏散指示标志的备用电源的连续供电时间需要满足人员安全疏散的要求，并且不得小于表 3-1 的规定值。

表 3-1　建筑内消防应急照明和灯光疏散指示标志的备用电源的连续供电时间

建筑类别	连续供电时间 /h
建筑高度大于 100m 的民用建筑	1.5
建筑高度不大于 100m 的医疗建筑，老年人照料设施，总建筑面积大于 100000m^2 的其他公共建筑	1.0

续表

建筑类别		连续供电时间 /h
水利工程，水电工程，总建筑面积大于 20000m² 的地下或半地下建筑		1.0
城市轨道交通工程	区间和地下车站	1.0
	地上车站、车辆基地	0.5
城市交通隧道	一、二类	1.5
	三类	1.0
城市综合管廊工程，平时使用的人民防空工程，除上述规定外的其他建筑		0.5

（5）建筑内的消防用电设备需要采用专用的供电回路，当其中的生产、生活用电被切断时，应仍能保证消防用电设备的用电需要。

（6）除根据三级负荷供电的消防用电设备外，消防控制室、消防水泵房的消防用电设备、消防电梯等的供电，应在其配电线路的最末一级配电箱内设置自动切换装置。防烟、排烟风机房的消防用电设备的供电，需要在其配电线路的最末一级配电箱内或所在防火分区的配电箱内设置自动切换装置。防火卷帘、电动排烟窗、消防潜污泵、消防应急照明、疏散指示标志等的供电，应在所在防火分区的配电箱内设置自动切换装置。

（7）消防配电线路的设计、敷设，需要满足在建筑的设计火灾延续时间内为消防用电设备连续供电的需要。

（8）消防控制室、消防水泵房、自备发电机房、配电室、防排烟机房、发生火灾时仍需正常工作的消防设备房，需要设置备用照明，其作业面的最低照度不应低于正常照明的照度。

（9）疏散楼梯间及其前室或合用前室、避难走道及其前室、避难层、避难间、消防专用通道，建筑内疏散照明的地面最低水平照度不应低于10lx。

（10）疏散走道、人员密集的场所，建筑内疏散照明的地面最低水平照度不应低于3lx。

3.1.4 非消防电气线路与设备的要求

非消防电气线路与设备的要求如下。

（1）空气调节系统的电加热器需要与送风机连锁，并且应具有无风断电、超温断电保护装置。

（2）电气线路敷设应避开炉灶、烟囱等高温部位以及其他可能受高温作业影响的部位，不得直接敷设在可燃物上。

（3）室内明敷的电气线路，在有可燃物的吊顶或难燃性、可燃性墙体内敷设的电气线路，需要具有相应的防火性能或防火保护措施。

（4）室外电缆沟或电缆隧道在进入建筑、工程或变电站处需要采取防火分隔措施，防火分隔部位的耐火极限不应低于2h，门需要采用甲级防火门。

3.1.5 常见 86 系列接线盒规格

常见 86 系列接线盒规格如图 3-6 所示。

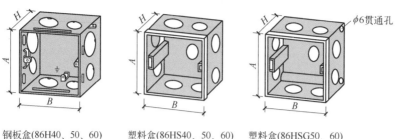

钢板盒(86H40、50、60)　　塑料盒(86HS40、50、60)　　塑料盒(86HSG50、60)

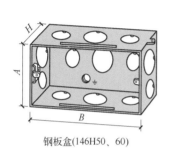

钢板盒(146H50、60)

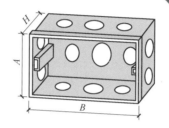

塑料盒(146HS50、60)

86系列接线盒为成品，钢板盒壁厚≥1.0mm，承耳厚度≥1.5mm，塑料盒壁厚≥2.5mm。盒壁上的敲落孔规格：钢板盒为ϕ22、ϕ27，塑料盒为ϕ18、ϕ22，并交替错开

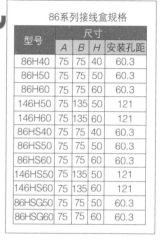

86系列接线盒规格				
型号	尺寸			安装孔距
	A	B	H	
86H40	75	75	40	60.3
86H50	75	75	50	60.3
86H60	75	75	60	60.3
146H50	75	135	50	121
146H60	75	135	60	121
86HS40	75	75	40	60.3
86HS50	75	75	50	60.3
86HS60	75	75	60	60.3
146HS50	75	135	50	121
146HS60	75	135	60	121
86HSG50	75	75	50	60.3
86HSG60	75	75	60	60.3

(a) 示意图

(b) 实物图

图 3-6　常见 86 系列接线盒规格（单位：mm）

3.1.6　灯头盒的规格

灯头盒的规格如图 3-7 所示。

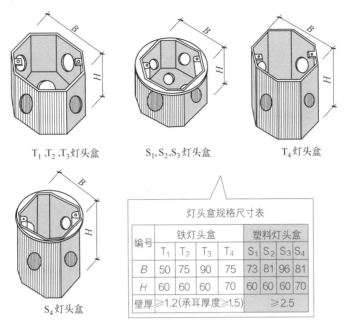

图 3-7　灯头盒规格（单位：mm）

3.1.7　耐火槽常用规格与耐火等级

耐火槽常用规格与耐火等级如图 3-8 所示。

耐火槽盒常用规格

宽度/mm	高度/mm				
	100	150	200	250	300
150	△	△			
200	△	△			
250	△	△	△		
300	△	△	△		
400		△	△	△	
500		△	△	△	△
600		△	△	△	△
800			△	△	△
1000			△	△	△
说明：符号 △ 表示常用规格					

耐火槽盒耐火等级

耐火等级	Ⅰ级	Ⅱ级	Ⅲ级
维持工作时间	≥60min	≥45min	≥30min

图 3-8　耐火槽常用规格与耐火等级

3.2　建筑电气工程施工做法

3.2.1　配电箱箱门与保护导线连接做法

配电箱箱门与箱体间必须采用编织软铜线作保护连接，如图 3-9 所示。

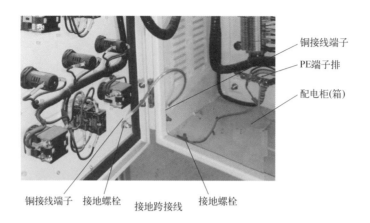

(1) 配电柜(箱)装有电器的可开启门应与保护导体可靠连接。

(2) 配电柜(箱)内接地用螺栓应采用焊接固定螺栓，接地跨接线自箱门接至PE端子排时中间不应断头，当接地跨接线中间出现转接时，转接导线可采用铜接线端子或锡焊连接

图3-9   配电箱箱门与保护导线连接做法

 一点通

　　建筑电气工程环节多，问题杂，如果没有统一规范的验收标准，将会带来很大的安全隐患。因此建筑电气工程施工必须要坚持规范施工，严把质量关。

3.2.2   三相电动机接线盒的接线做法

　　三相电动机接线盒的接线做法分为三角接法、星形接法（Y接法），如图3-10所示。

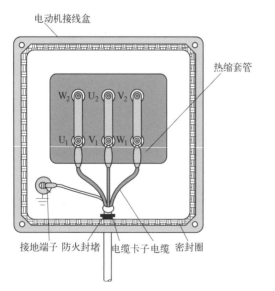

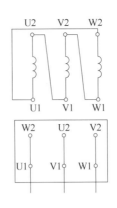

(a) 三角接法

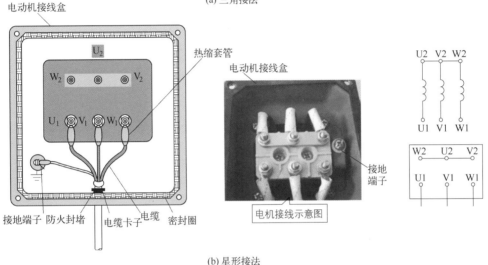

(b) 星形接法

图 3-10   三相电动机接线盒的接线做法

 一点通

通电后，如果发现电动机反转，则将三相电源线中任意两相交换即可。

3.2.3　刚性金属导管与可弯曲金属导管连接做法

可弯曲金属导管布线适用于室内外场所。室内可弯曲金属导管布线时，可在顶棚内、楼板内、墙体内等部位敷设。室外可弯曲金属导管布线时，可明敷或直埋。

于室内外场所明敷刚性金属导管与可弯曲金属导管时，宜采用中型可弯曲金属导管。暗敷于墙体、混凝土地面、楼板垫层、现浇钢筋混凝土楼板内时，宜采用重型可弯曲金属导管。暗埋于室外地下或室内潮湿场所时，宜采用重型防水可弯曲金属导管。

刚性金属导管与可弯曲金属导管的连接做法如图 3-11 所示。

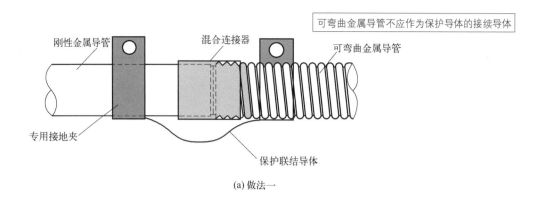

(a) 做法一

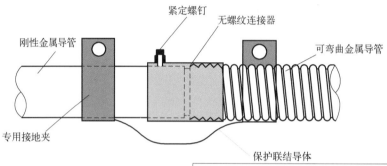

(b) 做法二

图 3-11   刚性金属导管与可弯曲金属导管连接做法

 一点通

　　可弯曲金属导管或柔性导管与刚性导管或电气设备、器具间的连接，需要采用专用接头。防液型可弯曲金属导管或柔性导管的连接处需要密封良好，防液覆盖层需要完整无损。

3.2.4   金属导管与金属槽盒螺纹连接做法

　　金属导管与金属槽盒螺纹连接做法如图 3-12 所示。建筑电气用可弯曲金属导管间的连接、金属导管与钢制电线管的连接、金属导管与接线盒的连接，均需要采用其配套的专用连接配件，以防止漏浆，并且外侧再使用热缩套管保护。

　　建筑电气用可弯曲金属导管与箱盒连接时除采用专用配件外，还应箱盒开孔排列整齐，孔径与管径相吻合，做到一管一孔。建筑电气用可弯曲金属导管与箱盒连接时除采用配套的连接配件，由于管子、连接配件自身有螺纹，可将管子直接拧入拧紧。

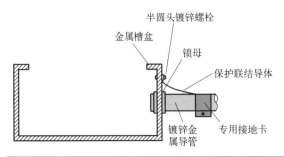

金属导管与金属槽盒(梯架、托盘)连接时,镀锌金属导管的连接端宜用专用接地卡固定保护联结导体,
保护联结导体两端应搪锡处理

(a) 做法一

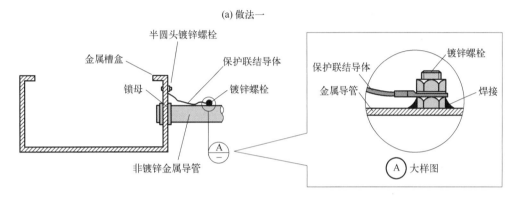

非镀锌金属导管的连接处附近应熔焊接地螺栓,接地螺栓与保护联结导体应可靠连接,
金属槽盒与保护联结导体连接处的涂层应刮除,露出金属面,确保保护联结导体与金属
槽盒接触良好

(b) 做法二

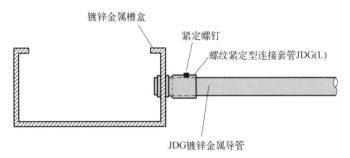

(c) 做法三

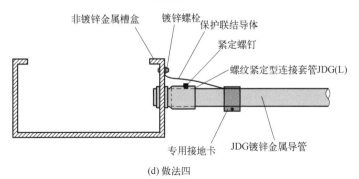

(d) 做法四

图 3-12　金属导管与金属槽盒螺纹连接做法

一点通

建筑电气用可弯曲金属导管遇下列情况之一时，需要设置接线盒或过路盒（如图3-13所示）:

（1）管长每超过30m，无弯时。

（2）管长每超过20m，有一个弯时。

（3）管长每超过15m，有两个弯时。

（4）管长每超过8m，有三个弯时。

图 3-13　设置接线盒或过路盒

3.2.5　导线与配电箱连接做法

导线与配电箱连接做法如图3-14所示。

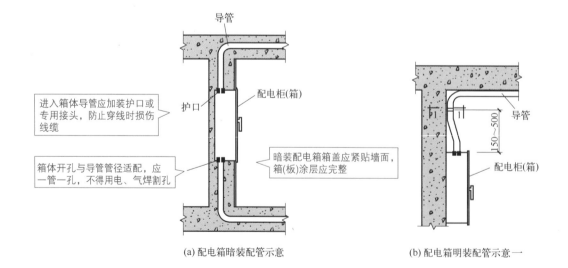

(a) 配电箱暗装配管示意　　　　　(b) 配电箱明装配管示意一

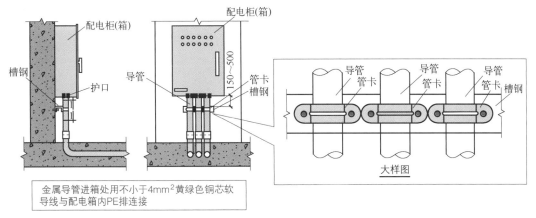

金属导管进箱处用不小于4mm²黄绿色铜芯软导线与配电箱内PE排连接

(c) 配电箱明装配管示意二

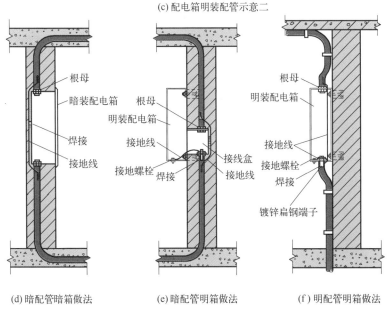

(d) 暗配管暗箱做法　　　(e) 暗配管明箱做法　　　(f) 明配管明箱做法

图 3-14　导线与配电箱连接做法（单位：mm）

 一点通

　　进入配电（控制）柜、台、箱内的可弯曲金属导管，当箱底无封板时，管口需要高出柜、台、箱、盘的基础面50~80mm。

3.2.6　金属管与箱盒连接做法

扫码看视频

金属管敷管做法

　　电缆保护管需要符合的要求如下。

（1）管口应光滑，应无毛刺、无尖锐的棱角。

（2）弯制金属保护管不得有裂缝、显著凹瘪等现象。

（3）金属保护管需要采用镀锌管，镀锌管锌层剥落处应涂防腐漆。

（4）金属保护管应用管卡固定牢固，不应采用焊接方式固定。

金属管与箱盒连接做法如图 3-15 所示。

(a) 非镀锌金属导管与金属盒连接　　　　　　(b) 非镀锌金属导管与塑料盒连接

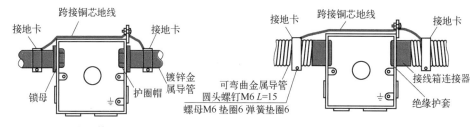

(c) 镀锌金属导管与金属盒连接　　　　　　(d) 可弯曲金属导管与金属盒连接

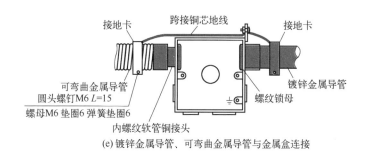

(e) 镀锌金属导管、可弯曲金属导管与金属盒连接

图 3-15　金属管与箱盒连接做法（单位：mm）

 一点通

电缆保护管连接需要符合的要求

（1）金属保护管连接需要牢固，两管口不得错口，不得直接对焊，需要采用套管套接后焊接或套螺纹接头连接，并且套管或带螺纹的管接头长度不得小于管外径的2.2倍。

（2）电缆保护管与电缆桥架、电线槽连接，宜从其侧面用机械加工方法开孔，并且应使用专用接头固定。

（3）两段金属管连接不宜用金属软管过渡。

（4）每根管路不宜超过 4 个弯头，直角弯不宜多于 3 个。

3.2.7　金属管的连接与接地做法

金属管的连接与接地做法如图 3-16 所示。

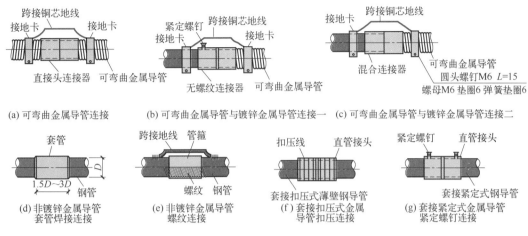

(a) 可弯曲金属导管连接　　(b) 可弯曲金属导管与镀锌金属导管连接一　　(c) 可弯曲金属导管与镀锌金属导管连接二

(d) 非镀锌金属导管套管焊接连接　(e) 非镀锌金属导管螺纹连接　(f) 套接扣压式金属导管扣压连接　(g) 套接紧定式金属导管紧定螺钉连接

图 3-16　金属管的连接与接地做法（单位：mm）

3.2.8　吊顶内的金属管布线做法

吊顶内的金属管布线做法如图 3-17 所示。

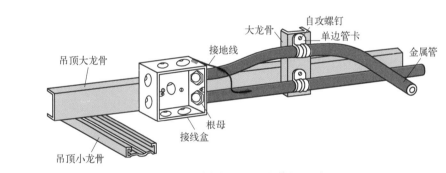

(a) 吊顶内轻钢龙骨上金属管敷设示意

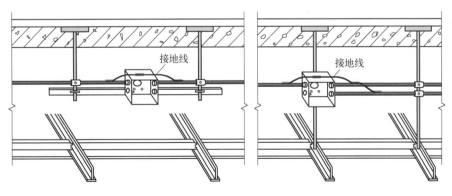

(b) 管、盒安装做法一(独立设吊杆)　　(c) 管、盒安装做法二(与龙骨吊杆共用)

图 3-17　吊顶内的金属管布线做法

3.2.9　塑料导管与箱盒连接做法

塑料导管与箱盒连接做法如图 3-18 所示。

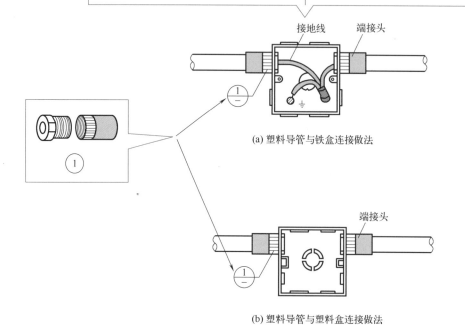

盒内接地线的接头宜采用套管压接的方法连接，铜芯导线可采用缠绕后涮锡的方法连接，不宜用螺旋接线钮连接

PE线采用单芯绝缘导线时，按机械强度要求，截面不应小于下列数值：有机械性的保护时为2.5mm²；无机械性的保护时为4mm²

(a) 塑料导管与铁盒连接做法

(b) 塑料导管与塑料盒连接做法

图 3-18　**塑料导管与箱盒连接做法**

3.2.10　现浇混凝土板中塑料导管引上安装做法

现浇混凝土板中塑料导管引上安装做法如图 3-19 所示。

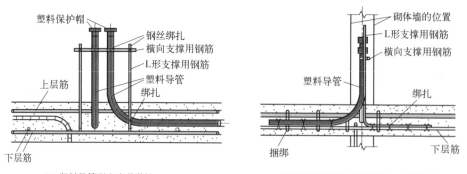

(a) 塑料导管引上安装做法一

(b) 塑料导管引上安装做法一(正视图)

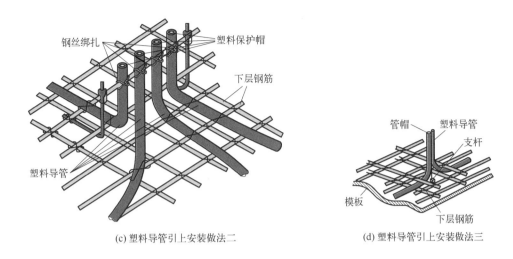

(c) 塑料导管引上安装做法二　　　　(d) 塑料导管引上安装做法三

图 3-19　现浇混凝土板中塑料导管引上安装做法

3.2.11　塑料导管出地面护管安装做法

塑料导管出地面护管安装做法如图 3-20 所示。

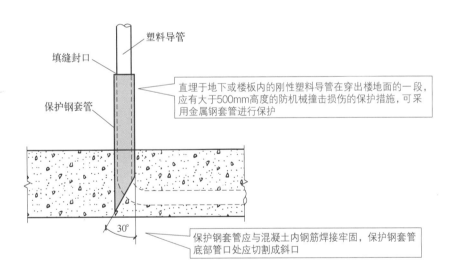

图 3-20　塑料导管出地面护管安装做法

3.2.12　室外设备电气连接防水安装做法

刚性导管经柔性导管与电气设备、器具连接时，柔性导管的长度在动力工程中不宜大于 0.8m，在照明工程中不宜大于 1.2m。导管的金属支架需要进行防腐处理，位于室外及潮湿场所的需要根据设计等要求做处理。导管支架需要安装牢固、无明显扭曲。

室外设备电气连接防水安装做法如图 3-21 所示。

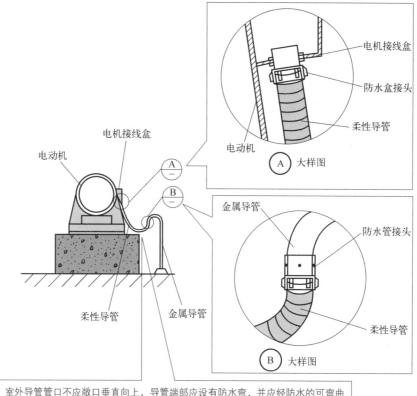

室外导管管口不应敞口垂直向上，导管端部应设有防水弯，并应经防水的可弯曲金属导管或柔性导管弯成滴水弧状后再引入设备的接线盒。导管的管口在穿入绝缘导线后做防水密封处理

图 3-21　室外设备电气连接防水安装做法

 一点通

　　电缆保护管连接要求：与设备连接宜采用金属软管两端套专用接头附件连接，并且金属软管的长度不宜大于 1.2m。

　　电缆保护管使用要求：电缆保护管分动力电缆保护管、控制电缆保护管、信号电缆保护管。禁止将动力电缆和信号电缆使用一根保护管。

3.2.13　接地干线过建筑变形缝施工做法

　　接地干线过建筑变形缝施工做法如图 3-22 所示。建筑接地干线一般需要与同接地体连接的扁钢相连接。建筑接地干线连接分为室内接地干线连接、室外接地干线连接。室外接地干线与支线一般敷设在沟内。室内的接地干线多采用明敷，部分设备连接的支线需经过地面，即埋设混凝土内安装。

扫码看视频

接地干线过建筑变形缝施工做法

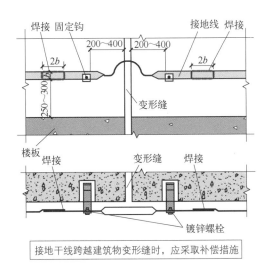

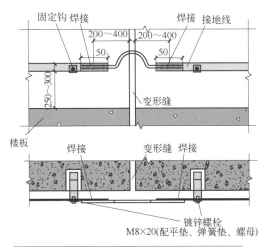

(a) 采用镀锌扁钢制作的补偿装置

(b) 采用镀锌圆钢制作的补偿装置

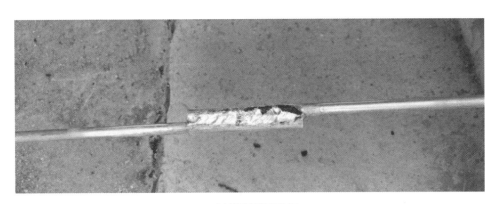

(c) 镀锌圆钢实物图

图 3-22　接地干线过建筑变形缝施工做法（单位：mm）

 一点通

接地干线敷设主要步骤为：接地线的调直、测位、打眼、煨弯、接卡子、接地端子等。

3.2.14　桥架的连接做法

扫码看视频

电缆桥架按结构可分为电缆梯架、电缆托盘、金属线槽等，如图 3-23 所示。电缆桥架按材料又可分为钢制桥架、铝合金制桥架、不锈钢制桥架等。钢制桥架表面处理方式有热镀锌、冷电镀锌、粉末静电喷涂、热浸锌等。

桥架

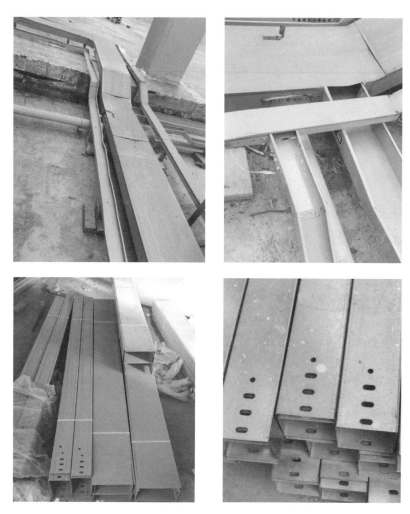

图 3-23   电缆桥架

电缆桥架支（吊）架的固定方式主要有预埋铁件上焊接、膨胀螺栓固定等。

桥架与支架间螺栓、桥架连接板螺栓应紧固、无遗漏，螺母位于桥架外侧。

铝合金制桥架与钢支架固定时，有相互间绝缘防电化措施，一般可垫石棉垫。敷设在竖井内、穿越不同防火区的桥架，需要按设计要求位置，有防火隔离措施。另外，电缆桥架在电气竖井内敷设可采用角钢来固定。

垂直敷设电缆时，在地面或楼板 2m 高的区域内需要设置护围或保护罩。

电缆穿过平台向上敷设时，需要加保护管（或保护框），其高度不低于 1m。

电缆在穿墙、埋于地下，以及容易受到外界碰伤时，需要加设保护管。

桥架内部的电缆，转弯的两端要捆扎，捆扎的位置需要统一。垂直桥架捆扎间距一般为桥架横担跨距，或者大约为 1m；水平桥架捆扎间距一般为 5～10m。

电缆在桥架内的填充率，电力电缆不得大于 40%，控制电缆不得大于 50%，并且需要留有一定的备用空位，以便以后增添电缆。

电缆桥架在连接、变径、转弯时，需要使用配套的附件，螺栓需要由内向外穿，螺母需要位于桥架外侧。

当直线段钢制电缆桥架超过 30m、铝合金或玻璃钢电缆桥架超过 15m、电缆桥架跨越建筑物伸缩缝时，桥架需要设置伸缩缝，其连接宜采用伸缩连接板，两端需要采用截面积不小于 4mm² 的多股软铜导线，端部压镀锡铜鼻子可靠跨接。

桥架根据电缆适用的类别进行分层敷设，一般电缆桥架分为三层：上层为动力电缆；中层为控制电缆；下层为信号电缆、计算机电缆。电缆禁止交叉，禁止不分类别乱放。

计算机信号电缆与强电控制电缆不得敷设在同一层桥架内，以防信号干扰。

 一点通

桥架安装时电缆最小允许弯曲半径

（1）无铅包钢铠护套的橡皮绝缘电力电缆，最小允许弯曲半径为 10D。

（2）有钢铠护套的橡皮绝缘电力电缆，最小允许弯曲半径为 20D。

（3）聚氯乙烯绝缘电力电缆，最小允许弯曲半径为 10D。

（4）交联聚氯乙烯绝缘电力电缆，最小允许弯曲半径为 15D。

（5）多芯控制电缆，最小允许弯曲半径为 10D。

（6）光缆，最小允许弯曲半径为 15D（静态）、20D（动态）。

3.2.15　金属槽盒本体间的连接做法

金属槽盒本体间的连接做法如图 3-24 所示。金属线槽布线一般适用于室内干燥、不易受机械损伤的场所明敷，但是对金属线槽有严重腐蚀的场所不应采用金属槽盒。

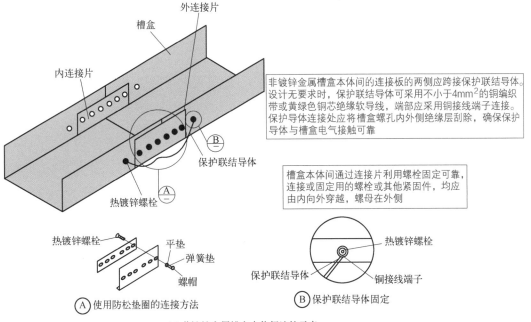

图 3-24

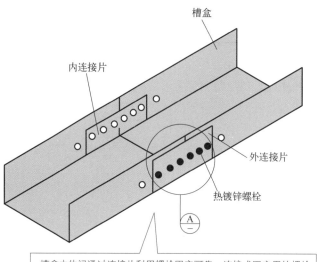
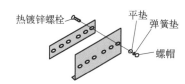
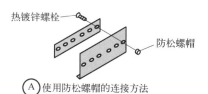

内连接片

槽盒

外连接片

热镀锌螺栓

A
—

热镀锌螺栓   平垫
弹簧垫
螺帽

A 使用防松垫圈的连接方法

热镀锌螺栓
防松螺帽

A 使用防松螺帽的连接方法

槽盒本体间通过连接片利用螺栓固定可靠，连接或固定用的螺栓
或其他紧固件，均应由内向外穿越，螺帽在外侧。
当镀锌金属槽盒连接板每端已安装不少于2个防松螺帽或防松垫
圈时，本体之间可不跨接保护联结导体

(b) 镀锌金属槽盒本体间连接示意

(c) 实物

图 3-24   金属槽盒本体间的连接做法

一点通

同一回路的所有相线、中性线，应敷设在同一金属线槽内。同一路径无防干扰要求
的线路，可敷设于同一金属线槽内。线槽内电线或电缆的总截面（包括外护层）不应超
过线槽内截面的 20%，载流导线不宜超过 30 根。

3.2.16 槽盒与支架的固定做法

槽盒与支架的固定做法如图 3-25 所示。金属线槽垂直或倾斜安装时，需要采取措施防止电线或电缆在线槽内移动。金属线槽应可靠接地或接零，但是不应作为设备的接地导体。

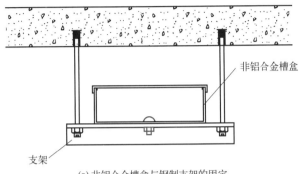

(a) 非铝合金槽盒与钢制支架的固定

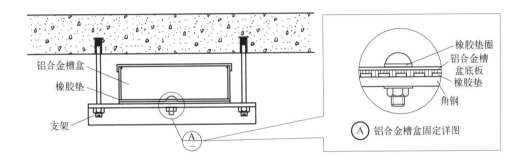

铝合金槽盒与钢制支架螺栓固定时，为了防止电化腐蚀，铝合金槽盒与钢制支架之间要放置绝缘垫片。当绝缘垫片长度大于800mm时，槽盒与支架固定应采用2个螺栓固定以防止绝缘垫片移位

(b) 铝合金槽盒与钢制支架的固定

图 3-25 槽盒与支架的固定做法

 **一点通**

线槽需要平整、无扭曲变形，内壁需要光滑无毛刺。

3.2.17 室外槽盒进入室内的安装做法

室外槽盒进入室内的安装做法如图 3-26 所示。Z 形弯处的槽架盖需要连续，伸出弯位或伸入室内需要大于 100mm。室外槽盒严禁在露天区域直接采用垂直下弯进入下层室内，而是需要在进入处做向外坡度，以及设置泄水孔。室外槽盒敷设需要平直整齐，槽盖便于开启。

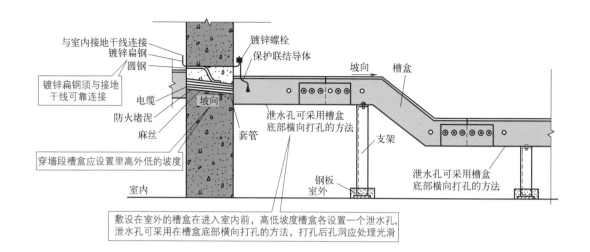

与室内接地干线连接
镀锌扁钢
圆钢
镀锌扁钢须与接地干线可靠连接
电缆
防火堵泥
麻丝
穿墙段槽盒应设置里高外低的坡度
室内
套管
镀锌螺栓
保护联结导体
坡向
坡向
槽盒
泄水孔可采用槽盒底部横向打孔的方法
支架
钢板
室外
泄水孔可采用槽盒底部横向打孔的方法

敷设在室外的槽盒在进入室内前,高低坡度槽盒各设置一个泄水孔,泄水孔可采用在槽盒底部横向打孔的方法,打孔后孔洞应处理光滑

图 3-26　室外槽盒进入室内的安装做法

3.2.18　金属槽盒过建筑变形缝施工做法

金属槽盒过建筑变形缝施工做法如图 3-27 所示。根据外界破坏因素的不同,建筑变形缝分为伸缩缝、沉降缝、防震缝。伸缩缝缝宽一般为 20 ～ 30mm,并且内填弹性保温材料。沉降缝的宽度一般为 30 ～ 120mm。防震缝的宽度一般为 50 ～ 100mm。

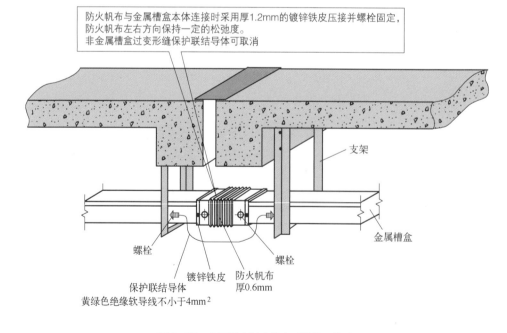

防火帆布与金属槽盒本体连接时采用厚1.2mm的镀锌铁皮压接并螺栓固定,防火帆布左右方向保持一定的松弛度。
非金属槽盒过变形缝保护联结导体可取消

支架
金属槽盒
螺栓
螺栓
镀锌铁皮
防火帆布厚0.6mm
保护联结导体
黄绿色绝缘软导线不小于4mm²

图 3-27　金属槽盒过建筑变形缝施工做法

3.2.19　金属槽盒的施工连接做法

扫码看视频

金属槽盒

金属槽盒及其附件所用钢板，一般采用优质 Q235 冷轧钢板。槽盒及其附件内外表面均应使用热浸镀锌处理，要求热浸锌厚度不小于 65μm，并且表面要均匀，要无毛刺、伤痕等缺陷。

金属槽盒的施工连接做法如图 3-28 所示。

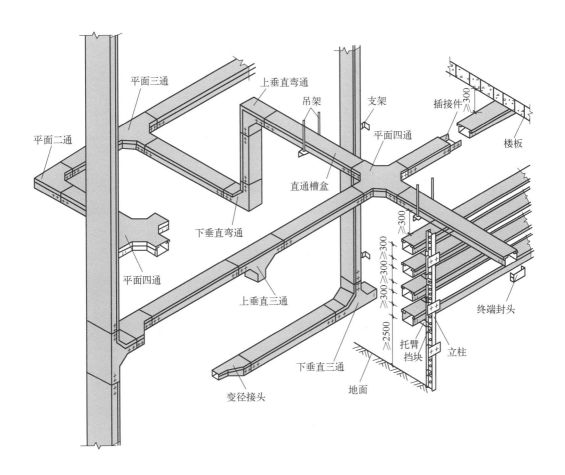

图 3-28　金属槽盒的施工连接做法（单位：mm）

 一点通

金属线槽主要是提供封闭的通道，重点在于保护布线与有序布线。

3.2.20　防爆荧光灯、插座与开关的安装做法

防爆荧光灯、插座与开关的安装做法如图 3-29 所示。

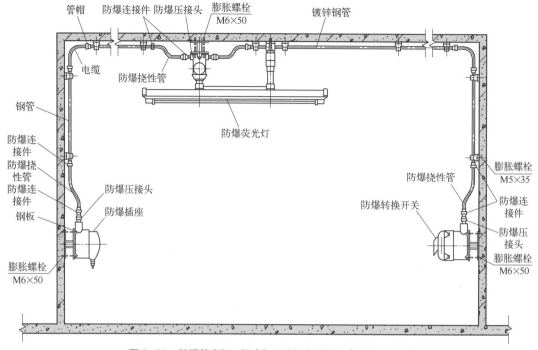

图 3-29 防爆荧光灯、插座与开关的安装做法（单位：mm）

3.2.21 电气竖井内布线做法

扫码看视频

电气竖井内布线做法如图 3-30 所示。电气竖井垂直布线时，其固定、垂直干线与分支干线的连接方式，需要能防止顶部最大垂直变位、层间垂直变位对干线的影响，以及导线、金属保护管、罩等自重带来的影响。

电气竖井内布线做法

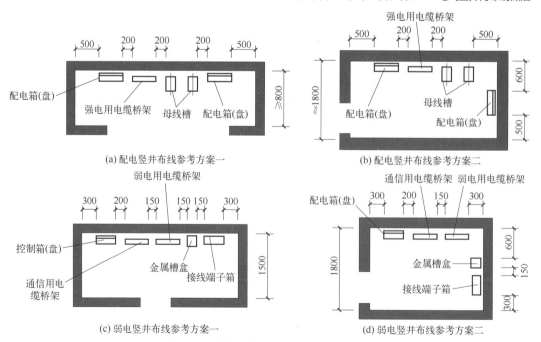

(a) 配电竖井布线参考方案一

(b) 配电竖井布线参考方案二

(c) 弱电竖井布线参考方案一

(d) 弱电竖井布线参考方案二

图 3-30 电气竖井内布线做法（单位：mm）

同一电气竖井内的高压、低压、应急电源的电气线路，其间距不应小于 300mm，或者应采取必要的隔离措施。

电气竖井内高压线路，需要设有明显标志。电力线路和非电力线路在同一电气竖井内敷设时，需要分别在电气竖井的两侧敷设或采取防止干扰的措施。对回路线数、种类较多的电力线路和非电力线路，需要分别设置在不同电气竖井内。

 一点通

电气竖井内垂直布线采用大容量单芯电缆、大容量母线做干线时，需要满足载流量留有裕度、安全可靠、分支容易、安装维修方便等要求。电缆盖板、孔洞工程完工后，要根据电缆防火要求进行封堵，封堵要求美观，新敷设的电缆要刷防火涂料，并且刷三遍，每遍相隔大约 24h。

3.2.22　配电竖井内钢管布线与配电箱施工做法

配电竖井内钢管布线与配电箱施工做法如图 3-31 所示。

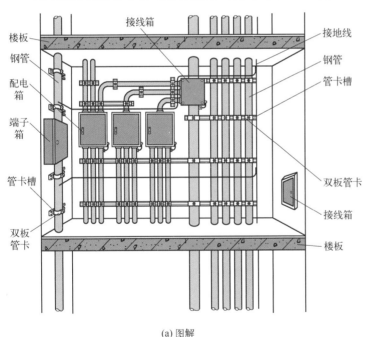

(a) 图解　　　　　　　　　　　　　　　　　　(b) 实物

图 3-31　配电竖井内钢管布线与配电箱施工做法

3.2.23　电气竖井内电缆梯架的固定做法

电气竖井，也叫做电气管道井、电井，是在建筑物平面的适当位置上设置的一个专门供电气管路垂直敷设的小间。

电气竖井的数量、位置，一般根据用电负荷、供电半径、建筑平面布置、防火分区等综合考虑。

根据电压等级，电气竖井可以分为强电井、弱电井。

电气竖井布置原则如下。

（1）应靠近用电负荷中心，如强电井需要靠近配电室，弱电井需要靠近弱电机房等，以及考虑进出线、检修、管理等的方便。

（2）电气竖井形状一般以方形为多。由于建筑方案、面积因素，也采用其他形状。

（3）敷设管路的墙体的厚度至少在 240mm 以上，并为实砌墙体。井壁应采用耐火极限大于 1h 的非燃烧体。

（4）电井防火检修门宽度应与管路排列宽度相近，耐火等级需要在丙级以上，并且门应向外开。

（5）电井的位置不应过偏。如果横向走线线径较大时，需要在井内设开关，以减少线路截面。

（6）电井内需要设火灾报警探测器、事故照明灯、控制开关。

（7）有综合布线系统时，弱电井宜设插座。

（8）电井内需要明设接地母线，分别与预埋金属铁件、管路、电缆外壳等连接。

（9）电井各层电缆井宜上下对齐，电缆井门应上下对位，保证检修等的方便。

（10）电井内不允许有与其无关的管道通过。

（11）电井内可采用钢管、电缆、封闭母线、托盘配线槽或其他形式的配电方式。

（12）电气竖井应远离排烟、热力管道及潮湿部位。

（13）电气竖井最小平面尺寸一般依据电压种类、强弱电分设情况、管路根数、管路管径大小等确定。

电气竖井内电缆梯架的固定做法如图 3-32 所示。电气竖井宽度一般为 1.5 ～ 2m 为宜，净

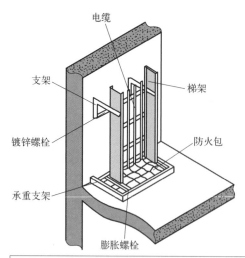

● 梯架间的连接处不应设在楼板内。
● 梯架穿防火楼板处，应采取防火隔离措施。
● 梯架距墙体大于250mm时应设置斜撑支架。
● 支架不应安装在固定电缆的横担上，梯架每隔3～5层应在楼板处设置承重支架

图 3-32   电气竖井内电缆梯架的固定做法

操作维修距离一般不小于 0.8m。采用封闭插接式母线或设置控制箱时，净操作距离大约以
1.2m 为宜。

3.2.24　配电竖井内预制分支单芯电力电缆的安装做法

配电竖井内预制分支单芯电力电缆的安装做法如图 3-33 所示。预制分支电力电缆是由一
段电缆与多个分支构成。预制分支电力电缆分支接头由连接件、分支护套构成。另外，为了
防止涡流效应，单芯电缆严禁使用铁质夹具。

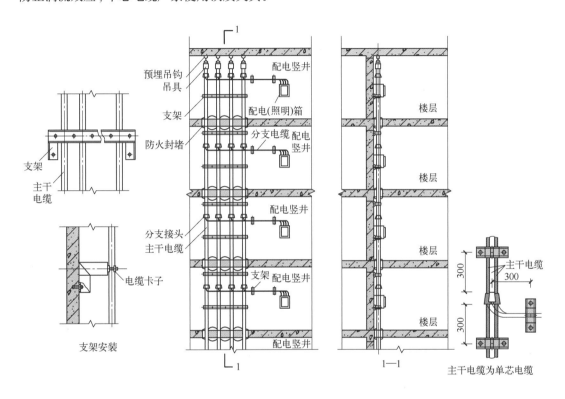

图 3-33　配电竖井内预制分支单芯电力电缆的安装做法（单位：mm）

 一点通

预制分支电力电缆施工注意事项
（1）制定预防措施以防提升过程中穿孔洞损伤电缆。
（2）检查预制分支部分是否能够安全通过孔洞。
（3）提升绳索需要使用能够承受 4 倍以上电缆重量的材料。
（4）提升过程中不要对分支线施加张力。
（5）电缆提升后应立即采用适当方法固定，以免电缆坠落受损以及发生异常情况。

3.2.25 配电竖井内电缆垂直施工做法

配电竖井内电缆垂直施工做法如图 3-34 所示。

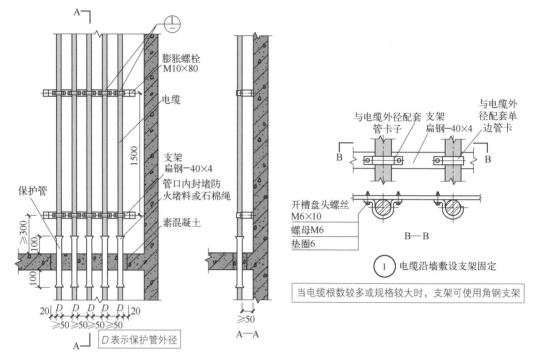

图 3-34　配电竖井内电缆垂直施工做法（单位：mm）

3.2.26 封闭式母线穿楼板的施工做法

封闭式母线穿楼板的施工做法如图 3-35 所示。封闭式母线可分为密集型绝缘母线、空气型绝缘母线。封闭式母线应用的场所往往是低电压、大电流的供配电系统，其一般安装在电气竖井内，使用单一的中心母线系统向每层楼内供配电。

扫码看视频

封闭式母线穿楼板的施工做法

封闭式母线系统可由多种母线单元组成，例如直线型母线单元、始端母线单元、变径母线单元、各种母线弯曲单元、母线终端盒、插接箱等。

封闭式母线的弹簧支架上的弹簧要处于能上下自由伸缩状态。吊架的型式根据母线槽安装部位、重量来决定。一般采用槽钢、角钢、全螺牙吊杆、扁钢制作，并且做好防腐处理。

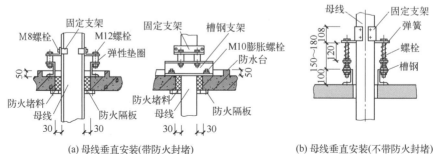

(a) 母线垂直安装(带防火封堵)　　　　(b) 母线垂直安装(不带防火封堵)

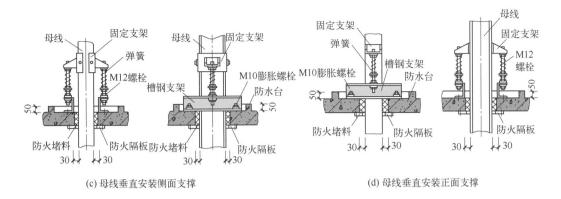

(c) 母线垂直安装侧面支撑　　　　　(d) 母线垂直安装正面支撑

图 3-35　封闭式母线穿楼板的施工做法（单位：mm）

 一点通

封闭式母线安装施工主要顺序为：母线槽的检查→测量的定位→支吊架的制作安装→绝缘的测试→母线槽的拼接→相位的校验。

3.2.27　封闭式母线过渡连接施工做法

封闭式母线过渡连接施工做法如图 3-36 所示。封闭式母线安装前，需要保证电气竖井、变配电室、母线经过场所的装饰工程、暖卫通风工程全部结束，以保证封闭式母线不被污染。

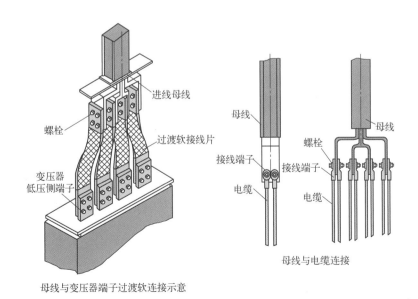

图 3-36　封闭式母线过渡连接施工做法

楼板墙体的预留洞、预埋件需要根据设计要求的位置预埋预留。

　　封闭式母线各功能单元的连接部件、活动接头上的铜排表面需要清理干净，外壳内和绝缘子安装前也需要擦拭干净。母线的紧固件需要用热镀锌制品。母线与外壳需要同心，并且其误差不得超过 5mm，母线段与母线段连接时两相邻段母线及母线外壳要对齐，连接后不得使母线及母线外壳承受到机械应力。

 一点通

　　母线槽垂直安装，一般采用母线槽生产厂的定型弹簧支架。封闭式母线整体安装前需要做绝缘试验，可用 1000V 兆欧表测量相间、相壳间、各个功能单元的绝缘电阻，其绝缘电阻不得小于 20MΩ。

3.2.28　电缆梯架的连接与常见出线施工做法

　　电缆梯架规格：工程常用弯通的弯曲半径为 70mm、100mm、150mm、200mm、300mm、600mm、900mm 等。使用电缆梯架时，不得使用纯直角形弯通。

　　电缆梯架的连接做法如图 3-37 所示，常见出线施工做法如图 3-38 所示。

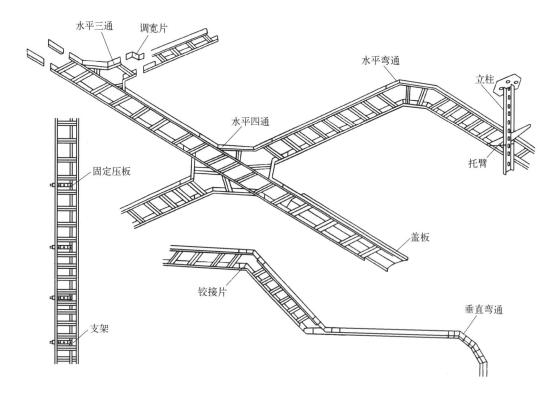

图 3-37　电缆梯架的连接做法

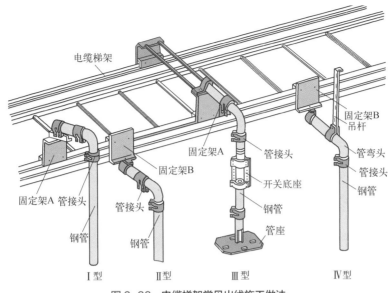

图 3-38　电缆梯架常见出线施工做法

3.2.29　电缆托盘的连接做法

电缆托盘一般是指托盘式电缆桥架。电缆托盘的连接做法如图 3-39 所示。

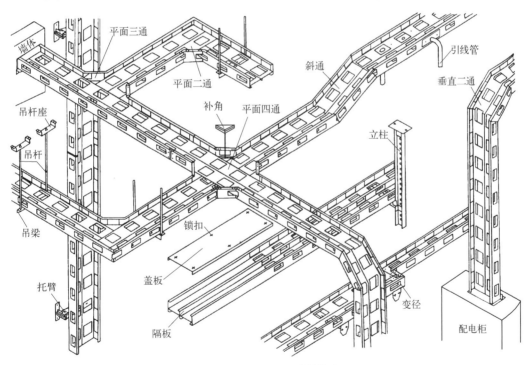

图 3-39　电缆托盘的连接做法

3.2.30　楼梯间照明暗敷施工布线做法

楼梯间照明暗敷施工布线做法案例图解如图 3-40 所示。

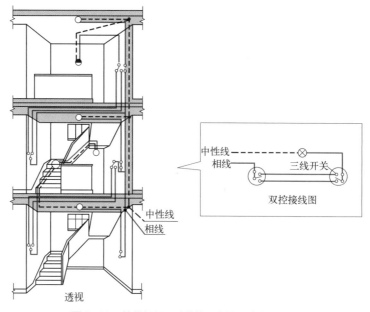

图 3-40　楼梯间照明暗敷施工布线做法案例图解

3.2.31　建筑电位与共用接地系统施工做法

建筑电位与共用接地系统施工做法案例图解如图 3-41 所示。

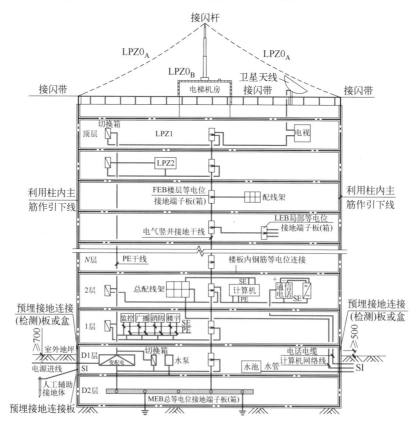

符号	名称	符号	名称
LPZ0$_B$	直击雷防护区	PE	保护接地线
LPZ1	第一防护区	SE	弱电系统工作接地线
LPZ2	第二防护区	SI	进出电缆金属护套接地
		LPZ0$_A$	直击雷非防护区

常用接地项目及电阻的选择

接地类别	接地项目名称	冲击接地电阻/Ω	接地类别	接地项目名称	接地电阻/Ω
防雷接地	第一类防雷建筑物的接地装置	$R\leq10$	电气设备接地	100kV·A及以上变压器(发电机)	$R\leq4$
	第二类防雷建筑物的接地装置	$R\leq10$		100kV·A及以上变压器供电线路的重复接地	$R\leq10$
	第三类防雷建筑物的接地装置	$R\leq30$		100kV·A及以下变压器(发电机)	$R\leq10$
	独立接闪杆、架空接闪线或网格接地装置	$R\leq10$		100kV·A及以下变压器供电线路的重复接地	$R\leq30$
	电涌保护器、电缆金属外皮、钢管和绝缘子铁脚、金具等应连在一起接地	$R\leq30$		高、低压电气设备的联合接地	$R\leq4$
	户外架空金属管道的防雷接地	$R\leq30$		电流、电压互感器二次绕组接地	$R\leq4$
	露天可燃气体储气柜(罐)的防雷接地	$R\leq30$		架空引入线绝缘子铁脚接地	$R\leq20$
	露天油罐的防雷接地	$R\leq10$		装在变电所与母线连接的避雷器接地	$R\leq10$
	水塔的防雷接地	$R\leq30$		配电线路零线每一重复接地装置	$R\leq10$
	烟囱的防雷接地	$R\leq30$		3~10kV变、配电所高低压共用接地装置	$R\leq4$
	微波站、电视台的天线塔防雷接地	$R\leq5$		3~10kV线路在居民区的水泥电杆接地装置	$R\leq30$
	微波站、电视台的机房防雷接地	$R\leq1$		低压电力设备接地装置	$R\leq4$
	卫星地面站的防雷接地	$R\leq1$		电子设备接地	$R\leq4$
	广播发射台天线塔防雷接地装置	$R\leq0.5$		电子设备与防雷接地系统共用接地体	$R\leq1$
	广播发射台发射机房防雷接地装置	$R\leq10$		电子计算机安全接地	$R\leq4$
	雷达试验调试场防雷接地	$R\leq1$		医疗用电气设备接地	$R\leq4$
	雷达站天线与雷达主机工作接地共用接地体	$R\leq1$		静电屏蔽体的接地	$R\leq1$
				电气试验设备接地	$R\leq4$
				电梯设备专用接地装置	$R\leq4$

弱电系统接地电阻的选择

项目名称	接地形式	规模或容量	接地电阻/Ω
调度电话站	专用接地装置	直流供电	$R<15$
		交流单相负荷供电,≤0.5kW	$R<10$
		交流单相负荷供电,>0.5kW	$R<4$
	共用接地装置		$R<1$
程控交换机	专用接地装置		$R<5$
	共用接地装置		$R<1$
综合布线(屏蔽)系统	专用接地装置		$R<4$
		接地电位差	$R<1$
天线系统	专用接地装置		$R<4$
	共用接地装置		$R<1$
火灾自动报警系统	专用接地装置		$R<4$
	共用接地装置		$R<1$
有线广播系统	专用接地装置		$R<4$
	共用接地装置		$R<1$
闭路电视系统	专用接地装置		$R<4$
	共用接地装置		$R<1$
保安监视系统	专用接地装置		$R<4$
	共用接地装置		$R<1$
计算机管理系统	专用接地装置		$R<4$
	共用接地装置		$R<1$
扩声对讲及同声传译	专用接地装置		$R<4$
	共用接地装置		$R<1$
BAS等系统	专用接地装置		$R<4$
	共用接地装置		$R<1$

图 3-41　建筑电位与共用接地系统施工做法案例图解

第4章
通风工程与新风工程

4.1 通风工程基础

4.1.1 通风工程概况

通风工程是送风、排风、除尘等的统称，即对室内外空气进行循环处理的过程，其实物如图 4-1 所示。另外，有新风功能的通风工程，还可以使室内空气得到净化循环。

图 4-1 通风工程

通风工程不能制冷制热，只能起到交换空气、净化空气（新风系统）的效果。

通风工程与空调工程可以分开各自作为单独的系统，但是，有新风排风交换系统等情况时，则排风和空调也可以并为一个系统。

通风工程施工方案案例如图 4-2 所示，主要涉及细分系统的主要用材、安装方式、保温及防结露方案等。通风工程施工涉及的工种与其主要参与的施工阶段如图4-3所示。各工种各环节各专业需要互相配合，才能够实现顺利竣工。

图 4-2　通风工程施工方案案例

工种	通风工程施工涉及的工种与其主要参与的施工阶段						
	基础	主体	粗装修	精装修	调试	验收	维保
钣金工	✗	✓	✓	✓	✓	✓	✓
水道工	✓	✓	✓	✓	✓	✓	✓
通风工	✗	✓	✓	✓	✓	✓	✓
调试工	✗	✗	✗	✗	✓	✓	—
保温工	✗	✗	✗	✓	✓	✓	—
焊工	✓	✓	✓	✓	✓	✓	✓
油漆工	✗	✓	✓	✓	✓	✓	—

图 4-3　通风工程施工涉及的工种与其主要参与的施工阶段

4.1.2　通风工程的相关图纸

通风工程涉及的各工种、各技术人员，应熟悉掌握通风工程专业的图纸，如图4-4所示。

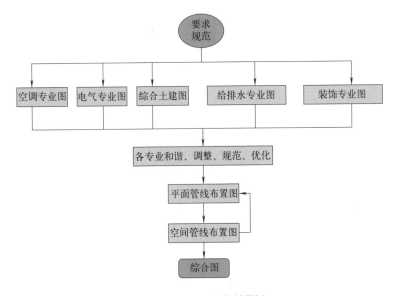

图 4-4　通风工程相关图纸

　　由于通风工程往往涉及具体工程现场实况（如图4-5所示），为了便于全面施工，施工质量控制，关键工序、特别工序的确定与施工，技术保证措施、质量和安全保障措施的开展，各工种各专业的和谐，暖通工程的优化与适配，往往会有各类图纸，其特点如图4-6所示，这也对通风工程图纸的识读提出了更高、更广泛的要求。

图4-5　涉及具体工程现场实况

设备管线综合协调图纸	❶ 其主要是为与其他各设备安装专业协调的图纸
	❷ 其依据有标准规范、设计图、设备设计手册使用说明、现场具体情形等
	❸ 其图纸上一般会含有各专业工程设备管线的位置、关系、尺寸、安装特点等

各专业综合图、各专业局部图	❶ 其主要是为解决交叉管线复杂部位的合理布置问题的图纸
	❷ 其是各专业各工种间交叉作业所需配合、所需衔接、和谐施工、有序交叉、科学施工、高效作业的指导
	❸ 其往往反映出现场实况管道、缆桥、设备等在空间的排列走向与特点要求
	❹ 局部综合图能够反映建筑内部机电设备管道的空间布置、平面布置、特别情形的针对性要求与特点
	❺ 整体综合图反映的是各专业各工种的综合布置情况

吊顶内综合管线布置图	❶ 吊顶内往往有空调水管、空调风管、强电缆桥架、弱电缆桥架、消防管、梁、设备等
	❷ 吊顶内往往安装空间有限，不规范提前设计好，易造成布置混乱，甚至安装不下等异常状况
	❸ 通过识读管线综合布置图，理解电缆桥架、管道、设备的安装位置、标高等设计意图与要求特点

| 设备与土建综合图纸 | 其主要反映土建施工时为本暖通工程施工中所有各专业施工安装所需的设备混凝土基础布置、结构预留洞口、结构支护等的情况 |

图4-6　相关图纸的特点

4.1.3 通风工程与通风设备的概念与特点

通风工程中，从室内排除污浊的空气，就是排风；向室内补充新鲜的空气，就是送风或者进风。

根据通风动力不同，通风可以分为自然通风、机械通风。根据服务范围不同，通风可以分为全面通风、局部通风。根据介质传输方向，通风可以分为送（或进）风、排风。根据室内空气状态要求，通风可以分为一般民用建筑通风、工业生产车间用工业通风、地下建筑的通风换气等。

自然通风情况下，空气流动利用的是室外风压、热压；机械通风情况下，空气流动靠通风机，如图 4-7 所示。

(a) 简单机械通风

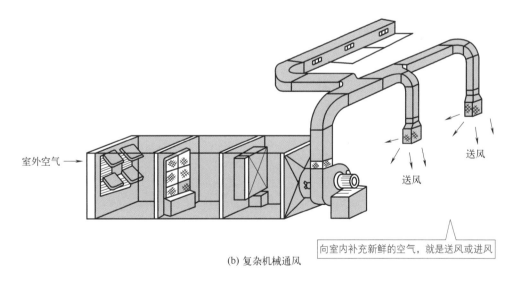

室外空气

送风

送风

向室内补充新鲜的空气，就是送风或进风

(b) 复杂机械通风

图 4-7　机械通风

通风设备是为达到通风目的所需的各种设备的统称。通风器、通风机、除尘器、风口、风幕等均属于通风设备。

通风工程中的风管的主要形式有圆形风管、矩形风管。风管材料有砖和混凝土、薄钢板、玻璃纤维板、铝板等，如图4-8所示。金属板材是制作风管、风管配件的主要材料，其表面需要平滑，厚度需要均匀一致，无凹凸、无明显的压伤异常现象，并且不得有裂纹、结疤、砂眼、夹层、刺边等异常情况，但是允许有紧密的氧化铁薄膜。

常用的金属板材有普通钢板、镀锌薄钢板、铝板、不锈钢板、塑料复合钢板等。

塑料复合钢板是在普通薄钢板的表面上喷一层0.2～0.4mm厚的软质或半硬质塑料膜。塑料复合钢板既有普通薄钢板的切断、弯曲、钻孔、铆接、咬口、折边等加工性能和较强的机械强度，又有较好的耐腐蚀性能。

不锈钢板又称为不锈耐酸钢板，其表面有铬元素形成的钝化保护膜，能够起到隔绝空气，使钢不被氧化等作用。不锈钢板多用在化学工业输送含有腐蚀性介质的通风系统中。加工和存放过程中，不应使板材表面产生划痕、刮伤、凹穴等现象，以免破坏表面的钝化膜，降低耐腐蚀性。加工时不得使用铁锤敲打，避免破坏合金元素的晶体结构，从而使不锈钢板表面不具有耐腐蚀性

风管材料 ——
- 不锈钢板
- 聚氯乙烯板
- 软管材料
- 砖和混凝土
- 玻璃纤维板
- 塑料复合钢板
- 镀锌薄钢板
- 普通钢板
- 铝及铝合金板

镀锌薄钢板是用普通薄钢板在其表面镀锌制作而成的。镀锌薄钢板表面呈银白色，则又称为白铁皮，其厚度大约为0.25～2.0mm，通风与空调工程中常用的厚度为0.5～1.5mm，镀锌层的厚度不应小于0.02mm。
镀锌薄钢板一般用于制作不受酸雾作用的，在潮湿环境中使用的风管。镀锌薄钢板的表面有锌层，具有良好的防腐性能，使用时一般不需要另外作防腐处理。镀锌薄钢板施工时，需要注意其不得破坏镀锌层，以免腐蚀钢板

普通钢板俗称黑铁皮，其厚度一般为0.5～2.0mm，其表面较易生锈，在应用前应进行刷油防腐

用于通风与空调工程中的铝板多以纯铝制作，有退火的铝板、冷作硬化的铝板等种类。铝合金板是以铝为主，加入一种或几种其他元素制作而成的板。铝及铝合金板在摩擦时不易产生火花，常用于通风工程中的防爆系统。铝板风管和配件加工时，需要注意保护材料的表面，不得出现划痕等现象。在铝合金板上画线时，可以采用铅笔或色笔

图4-8　风管材料

 一点通

甲、乙类物质生产场所的送风设备，不应与排风设备设置在同一通风机房内。用于排除甲、乙类物质的排风设备，不得与其他房间的非防爆送、排风设备设置在同一通风机房内。

4.1.4　通风工程的消防要求

通风工程的一些消防要求如下。

（1）排放有燃烧或爆炸危险性物质的风管，不得穿过防火墙，或有爆炸危险性的房间、人员聚集的房间、可燃物较多的房间的隔墙。

（2）除有特殊功能或性能要求的场所外，下列场所的空气不应循环使用：

① 甲、乙类物质生产场所；

② 甲、乙类物质储存场所；

③ 产生燃烧或爆炸危险性粉尘、纤维且所排除空气的含尘浓度不小于其爆炸下限 25% 的丙类物质生产或储存场所；

④ 产生易燃易爆气体或蒸气且所排除空气的含气体浓度不小于其爆炸下限值 10% 的其他场所；

⑤ 其他具有甲、乙类物质火灾危险性的房间。

（3）下列场所需要设置通风换气设施：

① 甲、乙类物质生产场所；

② 甲、乙类物质储存场所；

③ 空气中含有燃烧或爆炸危险性粉尘、纤维的丙类物质生产或储存场所；

④ 空气中含有易燃易爆气体或蒸气的其他场所；

⑤ 其他具有甲、乙类物质火灾危险性的房间。

（4）下列通风系统需要单独设置：

① 甲、乙类物质生产场所中不同防火分区的通风系统；

② 甲、乙类物质储存场所中不同防火分区的通风系统；

③ 排放的不同有害物质混合后能引起燃烧或爆炸的通风系统；

④ 其他建筑中排放有燃烧或爆炸危险性气体、蒸气、粉尘、纤维的通风系统。

4.1.5　通风设备计量单位及符号

通风设备计量单位及符号如表 4-1 所示。

表 4-1　通风设备计量单位及符号

量的名称	计量单位		说明
	单位名称	单位符号	
末端速度	米每秒	m/s	离开送风口的混合气流末端规定的允许最大中心速度，一般采用 0.5m/s 的末端速度确定射流的射程
送风口出口风速	米每秒	m/s	空气在送风口出口断面上的平均流速。用以确定风口特性
回风口吸风速度	米每秒	m/s	空气在回风口入口断面处的平均流速。用于表征回风口特性
排风速度	米每秒	m/s	空气在排风口出口断面处的平均流速。用于确定排风口特性
射流轴心速度	米每秒	m/s	射流轴心上的流速，用于表征射流的轴心轨迹，以确定风口的性能
工作地点空气速度	米每秒	m/s	室内固定工作地点的空气平均流速

量的名称	计量单位		说明
	单位名称	单位符号	
送风温度	摄氏度	℃	送风口处的空气温度
排风温度	摄氏度	℃	排风口处的空气温度
送风温差	摄氏度	℃	送风温度和工作区空气平均温度之差
送风射程	米	m	当送风射流中心速度降到 0.5m/s 处，该处与送风中心的水平距离。表征风口性能的主要指标
送风落差	米	m	当送风射流最大轴心速度降到 0.5m/s 处，射流轴心线偏离风口中心轴线的最大垂直距离。表征风口性能的主要指标
扩散宽度	米	m	正切于流型包络面且垂直于通过送风口平面的两个垂直面之间的最大距离。表征风口性能的主要指标
风口面积当量直径	米	m	非圆形风口计算时，折算成等量的圆形风口直径。用于计算非圆截面风口的风量
风口断面尺寸	毫米	mm	风口喉部或与风管连接处的尺寸
含尘浓度	毫克每立方米	mg/m^3	单位体积空气中所含粉尘的质量
进口含尘浓度	毫克每立方米	mg/m^3	空气过滤器或除尘器进口处的含尘浓度。用于计算除尘设备效率
出口含尘浓度	毫克每立方米	mg/m^3	空气过滤器或除尘器出口处含尘浓度。用于计算除尘设备效率
排放浓度	毫克每立方米	mg/m^3	单位体积的排放气体中所含有害物质的质量
最大允许浓度	毫克每立方米	mg/m^3	卫生标准所允许的有害物质浓度的最大值
除尘效率	百分率	%	含尘气流通过除尘器时，在同一时间内被捕集的粉尘量与进入除尘器的粉尘量之比，又称除尘器的全效率
分级除尘效率	百分率	%	除尘器对粉尘某一粒径范围的除尘效率
排风罩口速度	米每秒	m/s	排风罩罩口处的断面平均风速，计算排风量的参数之一
风幕供热量	千瓦	kW(H)[①]	空气通过热风幕被加热所获得的热量。表征风幕的性能指标
风幕供冷量	千瓦	kW(C)[②]	空气通过冷风幕被冷却所获得的冷量。表征风幕的性能指标
通风机噪声	分贝	dB	评价排风机噪声要求的性能指标
排风柜泄漏浓度	毫升每立方米	mL/m^3	排风柜外规定位置处所泄漏的污染物浓度，采用示踪气体浓度表征。用来评价排风柜的性能

续表

量的名称	计量单位		说明
	单位名称	单位符号	
排风柜阀门响应时间	秒	s	排风柜拉门位置变化后，面风速重新达到设定值时所需要的时间。用来评价排风柜控制阀门性能的重要指标
空气龄	秒	s	通风系统送入室内的空气从送风口到达某特定点所需要的时间。评价室内空气品质的指标
单位风量耗功率	瓦每立方米每小时	W/（m³/h）	空调、通风的风道系统输送单位风量所消耗的电功率。评价风道系统能效的指标

① 为将热量单位与用电量单位区分，在千瓦（kW）后增加（H）作为热量单位。

② 为将冷量单位与用电量单位区分，在千瓦（kW）后增加（C）作为冷量单位。

 一点通

空调管道与通风管道的区别

（1）管道材质不同。

空调管道一般采用镀锌板、不锈钢管等制作而成，以免腐蚀和水分蒸发冷凝产生漏水等情况。

通风管道一般采用镀锌板、铝合金等制作而成，通风管道运行环境较凉爽，无需考虑管道内部产生冷凝情况。

（2）管道防护措施不同。

空调管道一般要考虑隔热、保温等措施，避免管道温度过低或过高，影响空气质量。

通风管道一般主要考虑密封性，以防止室内空气与室外空气混合，以及防止管道内噪声扰民。通风管道还需要考虑管道内防护材料的选择。

（3）管道维护内容不同。

空调管道往往需要定期进行清洗、消毒等，以及需要定期更换过滤器、检漏、防松等。

通风管道往往需要定期清洗、去尘、除菌、去异味等。

4.1.6 锚栓负载要求

锚栓负载要求如图 4-9 所示。锚栓一端头埋入混凝土中，并且埋入的长度需要以混凝土对其握裹力不小于其自身强度为原则。因此，对于不同的混凝土标号、锚栓强度，所需最小埋入长度是不一样的。为了增加握裹力，对于 Φ39 以下锚栓，往往将其下端弯成 L 形，并且弯钩的长度大约为 4D（D 表示锚栓的直径）。对于 Φ39 以上锚栓，因直径过大不便折弯，则可以在锚栓下端焊接锚固板。

采用锚栓固定型管架时，安装时所用锚栓的机械性能不得小于该荷载

锚栓极限荷载表				
锚栓规格	M10	M12	M16	M20
抗拉荷载/kN	3.17	4.83	9.22	15.0
抗剪荷载/kN	2.14	3.14	5.91	9.09

注：锚入的基材混凝土强度不得小于C15，如小于该值时，需要自行核算。

图4-9　锚栓负载要求

4.1.7　吊架与吊架根部做法要求

管道支架的选择需要考虑管路敷设空间的结构情况、管内流通的介质种类、热位移补偿、管道重量、管道减震、设备接口受力情况、保温空间、垫木厚度等因素，以此来选择固定支架、滑动支架、吊架。

吊架与吊架根部做法如图4-10所示。

(a) 吊架

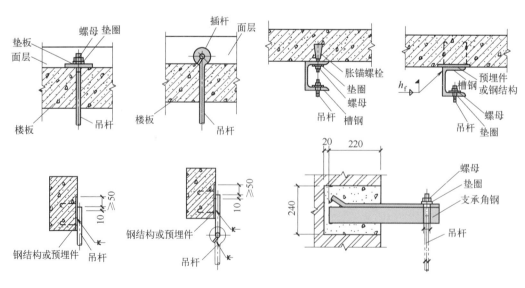

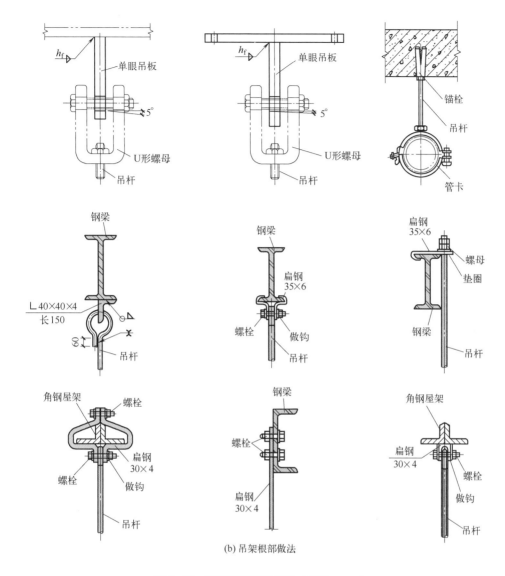

(b) 吊架根部做法

图 4-10　吊架与吊架根部做法（单位：mm）

4.2　通风工程施工做法

4.2.1　通风工程常见施工项目与部件工艺流程

扫码看视频

通风工程常见
施工项目与
部件工艺流程

　　通风工程由于设置场所的不同，其系统组成也不尽相同。进风系统一般由进风百叶窗、空气过滤器（加热器）、风机（离心式风机、轴流式风机、贯流式风机）、风道、送风口等组成。排风系统一般由排风口（排气罩）、风道、过滤器（除尘器、空气净化器）、风机、风帽等组成。

　　通风工程常见安装施工项目包括风管与部件制作、风管系统安装、通风设备安装等。安装施工项目完成后，往往就是系统调试、系统验收。

风管与部件的制作工艺流程主要包括风管展开与下料、剪切与倒角、咬口制作、风管折方、压口成型、法兰下料、组对与焊接、打眼冲孔、铆接法兰、翻边成型等，如图4-11所示。

图4-11　风管与部件的制作工艺流程

 一点通

在相同面积下，圆形管阻力比矩形管小。矩形风管设计时，长短边比例在3以下。塑料复合钢板常用于防尘要求较高的空调系统和 -10 ～ 70℃ 的耐腐蚀系统的风管。

4.2.2　风管支吊架的形式及装配做法

风管支吊架主要作用有防震、承重等。风管支吊架形式，根据风管与支架的连接情况，分为固定支吊架与不固定支吊架；根据支吊架的支撑方式，分为支架、吊架、托架。

风管支吊架的装配做法如图4-12所示。防晃支吊架是指防止风管或管道晃动位移的支架、吊架或管架。

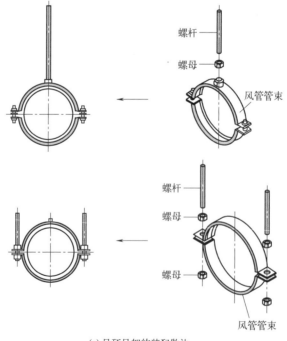

(a) 吊环吊架的装配做法

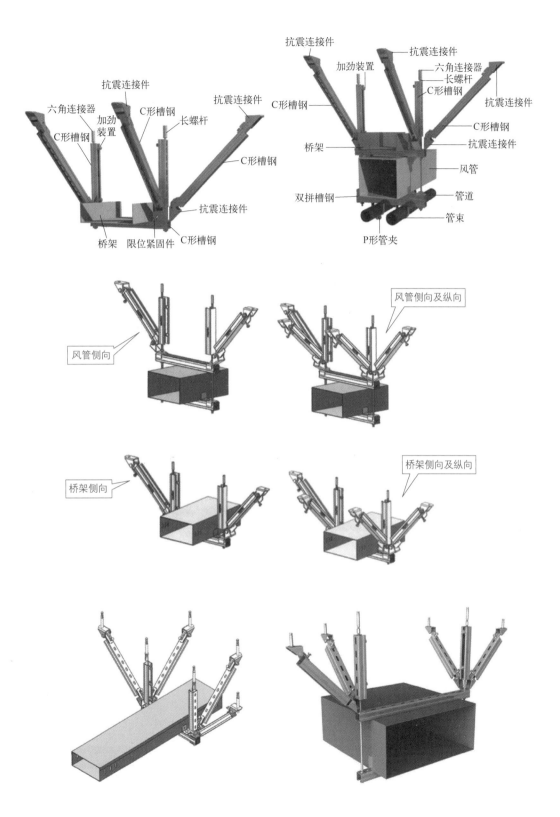

图 4-12

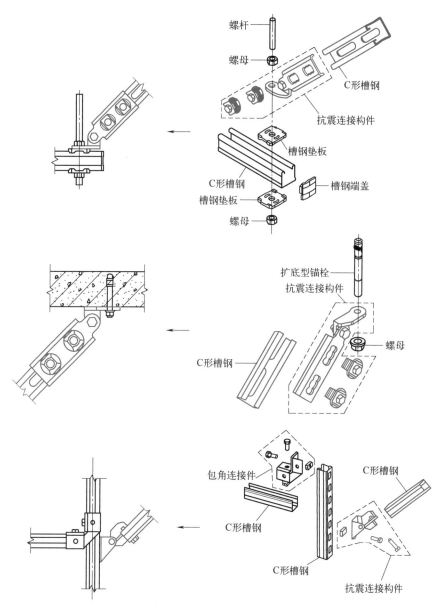

(b) 抗震支吊架的装配做法

图 4-12　风管支吊架的装配做法

风管支吊架的最大间距如表 4-2～表 4-4 所示。

表 4-2　金属风管水平安装支吊架最大间距　　　　　单位：mm

风管边长或直径 a（D）	矩形风管	圆形风管		薄钢板法兰风管
		纵向咬口风管	螺旋咬口风管	
a（D）≤ 400	4000	4000	5000	3000
a（D）> 400	3000	3000	3750	

注：C 形插条法兰、S 形插条法兰风管的支吊架间距不应大于 3000mm。

表 4-3　非金属及复合材料风管水平安装支吊架最大间距　　　　单位：mm

风管类别	风管长边尺寸 a(D)					
	a(D)≤400	400<a(D)≤500	500<a(D)≤800	800<a(D)≤1000	1000<a(D)≤1600	1600<a(D)≤2000
无机玻璃钢风管	4000	3000			2500	2000
硬聚氯乙烯风管	4000	3000				
聚氨酯复合板风管	4000	3000				
酚醛复合板风管	2000				1500	1000
玻璃纤维板复合材料风管	2400		2200		1800	

表 4-4　风管垂直安装支吊架最大间距　　　　单位：mm

风管类别	支架最大间距
金属风管	4000
无机玻璃钢风管、硬聚氯乙烯风管	3000
聚氨酯复合板风管、酚醛复合板风管	2400
玻璃纤维板复合材料风管	1200

风管支吊架装配要点如下。

（1）支吊架安装时，应按风管的中心线对称安装，吊杆进行安全可靠的固定，并且焊接后的部位需要刷油漆。

（2）立管管卡安装时，需要先把最上面的管卡固定好，自上而下安装固定。

（3）风管较长，安装成排支架时，首先把两端安装好，然后以两端的支架为基准，中间各支架用拉线法进行安装。

（4）保温风管的支吊架宜放在保温层外部。保温风管不得与支吊架直接接触，并且应垫上坚固的隔热防腐材料，其保温厚度与保温层相同，以防止产生"冷桥"。

（5）法兰密封垫料应选用不透气、弹性好的材料，并且法兰垫料尽量减少接头，接头形式可以采用阶梯形，以及接头位置要涂密封胶。不锈钢风管法兰连接的螺栓，宜用同材质的不锈钢制成，如果用普通型的螺栓，则应喷涂涂料。风管连接好后，以两端法兰为准，检查风管连接是否平直。

（6）铝板风管连接采用镀锌螺栓，并且在法兰两侧垫镀锌垫圈。

（7）非金属风管法兰连接时，两法兰端面需要平行严密，并且法兰螺栓两侧要加镀锌垫圈。

（8）复合材料风管采用法兰连接时，需要有防"冷桥"措施，并且连接法兰的螺栓要均匀拧紧，以及其螺母宜在同一侧。

 一点通

　　支吊架不得设置在风口、阀门、检查门、自控机构位置，离风口距离应大于200mm。抱箍支架折角要平直，圆形风管圆弧要均匀，抱箍要紧贴并且抱紧风管。

4.2.3　风道的类型与做法

风道的类型有直道、弯头风道、变径管等，如图 4-13 所示。

图 4-13　风道

弯头风道有直角弯头、弧弯头等弯头形式，主要起到改变气流走向等作用，如图 4-14 所示。

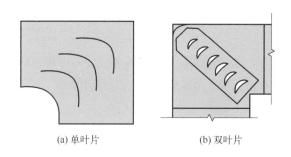

(a) 单叶片　　　　　　(b) 双叶片

图 4-14　弯头风道

截面做成突然扩大或缩小形式的变径管，或渐变管，可以起到改变风量的作用，如图 4-15 所示。

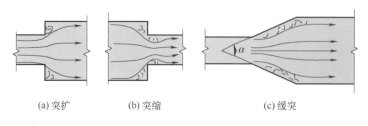

(a) 突扩　　　　(b) 突缩　　　　　　(c) 缓突

图 4-15　变径管

一点通

风管布置要求

（1）风管布置应力求顺直，避免复杂的局部构件。

（2）风管布置的弯头、三通等构件需要安排得当，并且与风管连接要合理，以减少阻力与噪声。

（3）风管上应该设置必要的调节与测量装置，或者预留安排测量装置的接口。调节与测量装置设在便于操作与观察的地点。

4.3 新风工程基础

4.3.1 新风系统与传统通风方式的比较

新风是新鲜空气的简称。住宅新风，就是向室内引入经过处理的室外空气。

目前空调系统除了满足对室内环境的温度、湿度控制以外，还需要给环境提供足够的室外新鲜空气（即新风）。但是，也有专用新风工程。

新风量是衡量室内空气质量的一个重要标准。把握好室内新风量，保证室内空气质量，可以营造良好健康的室内环境。民用建筑推荐的新风量标准值为 $\geqslant 30\text{m}^3/(\text{h} \cdot \text{人})$。

新风系统，又称为新风换气机、"房屋呼吸系统"、中央新风系统等，其是一种新型室内通风排气设备。新风系统能在把室内污浊的空气排出室外的同时也将室外的新鲜空气引入室内。

新风系统属于开放式的循环系统，可以每天 24h 为室内提供新鲜的经过过滤的室外空气，让人们在室内也可以呼吸到新鲜、干净的空气，例如下送上排情景新风系统如图 4-16 所示，独立新风系统如图 4-17 所示。

上排

下送

图 4-16 下送上排情景新风系统

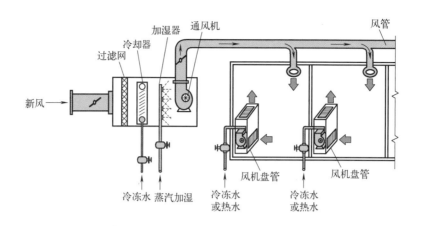

图 4-17　独立新风系统

新风系统与传统通风方式的比较如表 4-5 所示。

表 4-5　新风系统与传统通风方式的比较

名称	比较
开窗通风	（1）气流盲目。乱气流可能把卫生间、厨房间的异味带入客厅、卧室。 （2）使用热源和冷源时，会造成大量的能源浪费。 （3）卫生间竖井可能产生异味"倒灌"现象。 （4）夹带大量尘埃，影响室内卫生。 （5）无法避免噪声
换气扇排风	（1）瞬时排风量大，无法连续排出室内异味。 （2）没有新风导入时，排风阻力增大，效果不好。 （3）无法补给房间的新鲜空气。 （4）容易损坏，后期维修费用大。 （5）用时开，不用时关，不能连续不断地通风换气。 （6）噪声较大
负离子发生器或空气净化器	（1）无法提供富含氧气的新鲜空气。 （2）仅对室内空气漂浮物进行处理。 （3）只对原有的室内空气进行处理，随着室内空气污浊度增大，处理能力下降。 （4）空气净化器能吸附部分灰尘等有害物质，但是无法吸附气体中的有害分子。 （5）只对原有室内空气进行循环处理，随着时间的增加，处理能力下降
户式（中央）空调、带部分新风的中央空调	（1）只有进风量，没有排风口，则在室内形成正压，使室外的新鲜空气不易送入室内。 （2）不能明显改善室内空气，污浊空气不能迅速排到室外。 （3）使得人体、房间和空调机间形成密闭的循环系统，无法根本解决空气质量问题
大型中央空调	（1）可以设计新风、回风、排风系统，但是系统过于复杂，实际运行与操作的可实施性差。 （2）空调风管、水管等部位容易积累灰尘、细菌，滋生病毒。 （3）传统的正压设计方案，不利于污浊空气排出
新风系统	（1）不用开窗也可以享受大自然的新鲜空气。 （2）调节室内湿度，可以节省取暖费用。 （3）可以有效排除室内各种细菌、病毒、灰尘。 （4）采用最优的室内通风原理，避免"空调病"。 （5）室内空气不断流动，带走水汽，避免室内衣物等发霉

新风系统设计内容：方案的确定、设备选型及布置、气流组织设计、风管系统的设计，其中方案确定的参考方法如表 4-6 所示。

表 4-6　新风系统方案确定的参考方法

项目	排风量	通风方式	主要控制方法
住宅	主要由室内空气容积量来确定	以单向流为主	一台或多台主机分区域、分层控制等
商用	主要由人口数来确定	以双向流为主	大型风机集中送排风等

4.3.2　中央新风系统特点与形式

新风系统主要是由主机、风道、排风口、进排风帽、窗式进风器及其他附件组成。例如，直膨式集中双冷源新风调湿机组结构如图 4-18 所示，进排风帽如图 4-19 所示。

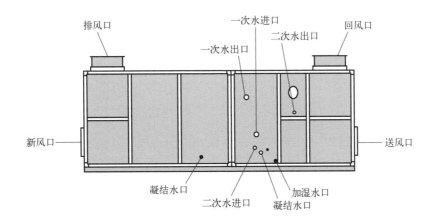

图 4-18　直膨式集中双冷源新风调湿机组

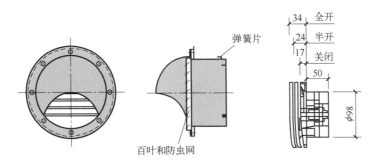

图 4-19　进排风帽

中央新风系统可以细分为大型集成新风系统、家用吊顶新风系统等。

中央新风系统按形式可以细分为单向流中央式新风系统、双向流中央式新风系统、全热交换器中央式新风系统等种类，见表 4-7。

表 4-7　中央新风系统形式

名称	组成	特点
单向流中央式新风系统	主要由新风主机、管网、进风口、排风口、调速开关等组成	（1）新风主机放在建筑物阳台、吊顶、厨房、设备间、卫生间。 （2）进行通风工作时，有害气体与微尘通过排风管道排到室外，同时新风通过建筑物预留的新风口进入室内。 （3）单向流新风系统分正压新风系统、负压新风系统两类。正压新风系统的原理是强制通风、自然排风，通过风机将过滤了 $PM_{2.5}$ 的空气送入室内，从而形成正压，进而将污浊的空气排到室外。负压新风系统的工作原理是通过自然进风、强制排风原理将室内的污浊空气抽出，形成负压，然后通过专门设置的负压进风口将新鲜空气输送到室内。 （4）单向流新风系统的噪声比双向流新风系统的噪声要高
双向流中央式新风系统		（1）新风主机放在建筑物阳台、设备间、厨房、吊顶、卫生间。 （2）进行通风工作时通过排风管道将室内有害的气体排到室外，同时新风通过建筑物预留的新风口进入室内。 （3）双向流新风系统的原理，就是既强制进风又强制排风，通过进风、出风实现定向空气的流动与过滤
全热交换器中央新风系统		（1）新风主机放在建筑物阳台、设备间、厨房、吊顶、卫生间。 （2）进行通风工作时通过排风管道将室内有害的气体排到室外，同时新风通过建筑物预留的新风机进入室内。在送排风的同时，进入室内的新风吸收排风中的冷（热）量，达到节能目的

4.3.3　住宅新风系统的原理与分类

为了避免出现"空调病"，新风系统从公共建筑进入民用住宅，形成了住宅新风系统。

住宅新风系统需要保证建筑的"最小通风量"。人均新风量一般是 $30m^3/(h \cdot 人)$。不同使用情况（办公、商场、剧场等）、不同污染情况（吸烟等）下的人均新风量是不一样的。

传统的通风系统只适合处理源自室内的污染。新形式下的新风是指经过过滤、加湿/除湿、加温/制冷后的室外空气。

住宅新风系统是一种能够持续工作，而且能够控制通风路径的建筑通风方式，其通过风机、气流控制系统，使得新风的更换得到控制，并且不影响室内的温度，从而保证室内的舒适程度。

住宅新风系统的主机运转时，污浊空气通过排风口、排风道排到室外，同时室外新鲜空气从窗式进风器引入，在主机形成的压力场作用下，引到室内活动区域，从而满足人的需要。

住宅新风系统的分类与其特点如表 4-8 所示。

表 4-8　住宅新风系统的分类与其特点

分类	特点
第一类：机械排风	（1）机械排风的排风口多安装在卫生间、厨房，窗户上方安装限制进风量的风口。 （2）机械排风系统安装简便，多用于保证最小新风场合的情况
第二类：全热交换	（1）全热交换在住宅内使用时，一般为减少能量损失，在送风、排风时进行热交换回收。 （2）热交换回收分为全热回收、显热回收。其中，显热回收只回收排风温度变化产生的能量，全热回收可回收温度和湿度变化产生的能量

续表

分类	特点
第三类：与空调配合使用	与空调配合使用，并且多与风管式空调系统同时使用，在空调回风口处留有新风口，即在空调运行的同时将新风送入室内

新风系统的设计新风量与排风量宜平衡，当采用机械送风、机械排风的系统形式时，排风量应为新风量的 80% ～ 90%，厨房、卫生间的局部排风系统宜采取就地自然补风的措施。

住宅新风系统也有单向流新风系统、双向流新风系统、热回收新风系统等类型，具体特点如表 4-9、图 4-20 所示。

表 4-9 住宅新风系统的类型及其特点

名称	解说
无管道新风系统	与通风器相连接的室内侧送（排）风口不需要连接风管，直接向室内送（排）风的新风系统
集中式新风系统	集中设置风机、净化处理等设备，新风经集中处理后由送风管道送入多个住户室内的新风系统
分户式新风系统	每个住户单独设置的新风系统
单向流新风系统	仅新风经送风机送入室内或仅排风经排风机排到室外的单一流向的新风系统
双向流新风系统	新风经送风机送入室内的同时，排风经排风机排到室外的新风系统
热回收新风系统	新风和排风同时经过热交换芯体或新风和排风通过蓄热体实现热回收的新风系统

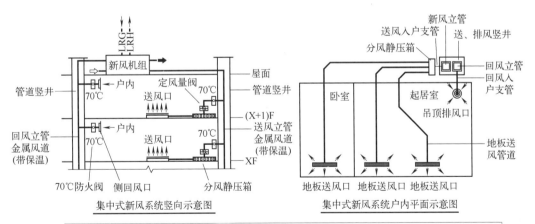

集中式新风系统竖向示意图 集中式新风系统户内平面示意图

集中式新风系统是指集中设置风机及净化处理等设备，新风经集中处理后由送风管道送入多个住户室内的新风系统
集中式新风机组可采用直接膨胀式新风机组，外接冷热源(冷热水)的新风机组或者直接膨胀加冷热水盘管的双冷源新风机组。
集中式新风机组不能设于卧室或者起居室的上部。
集中式新风机组内的新风机和排风机均采用变频调节。
根据使用需要，新风机组可设置预热段、热回收段、冷热盘管段、加湿段、净化段、排风段等功能段

(a) 集中式新风系统

图 4-20

单向流新风系统是指仅新风经送风机送入室内或仅排风经排风机排至室外的单一流向的新风系统

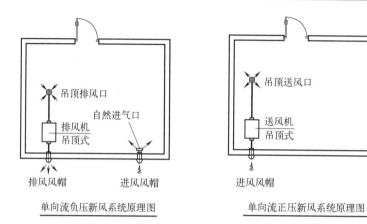

单向流负压新风系统原理图　　　　单向流正压新风系统原理图

(b) 单向流新风系统

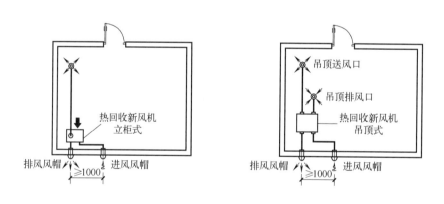

双向流立柜式新风系统原理图

双向流吊顶式新风系统原理图

双向流新风系统是指新风经送风机送入室内的同时，排风经排风机排到室外的新风系统。
双向流吊顶式新风系统中，新风换气机需设检修孔，检修孔尺寸不小于450mm×450mm。
立柜式新风机自带回风口。
排风机优先设置于卫生间内，卫生间空间不足或无外墙时，可放置于厨房。
新风进气口优先设置于起居室阳台的外墙上，无安装空间时可设置于卧室外墙上，但
需保证进气口不正对床的位置

(c) 双向流新风系统

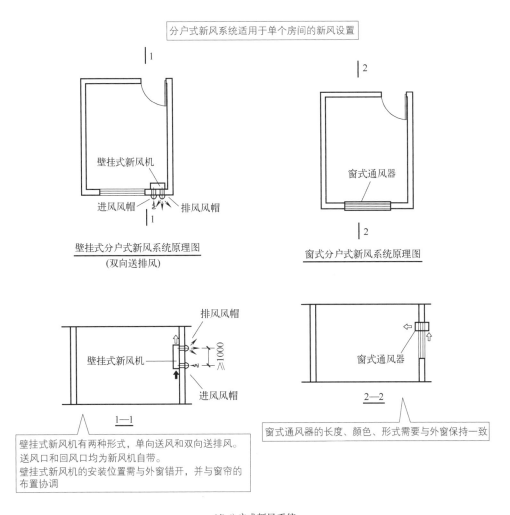

(d) 分户式新风系统

图 4-20　一些住宅新风系统的图示（单位：mm）

住宅新风系统的选用及相关规定如表 4-10 所示。

表 4-10　住宅新风系统的选用及相关规定

名称	宜采用的情况	应符合的规定
分户式新风系统	符合下列情况之一时，住宅宜采用分户式新风系统： （1）住户对室内空气质量控制要求不同时。 （2）住户对新风系统的控制需求不同时。 （3）既有住宅建筑改造设置新风系统时	分户式新风系统设计应符合的规定如下： （1）宜优先采用双向流新风系统，并且应采用热回收装置。 （2）当无法采用双向流新风系统时，则可以采用壁挂式、墙式、窗式等无管道新风系统或单向流新风系统。 （3）应为通风器检修维护、过滤器更换预留操作空间

续表

名称	宜采用的情况	应符合的规定
集中式新风系统	符合下列情况之一时，住宅宜采用集中式新风系统： （1）住宅采用集中式空调系统时。 （2）住户对室内空气质量要求差异不大，并且有统一管理要求时	集中式新风系统设计应符合的规定如下： （1）风机应采用变速调节。 （2）设计新风量应取各住户设计新风量之和。 （3）入户送风管上应装设能严密关闭的阀门。 （4）户内送风末端管段上宜装设风量调节阀。 （5）应设计机房与风管公共空间，并且应设置便于清洗维护的检修口

4.3.4　新风系统设计要求与监测参数

新风系统的设计要求如表 4-11 所示。

表 4-11　新风系统的设计要求

名称	解说
双向流新风系统设计要求	（1）应根据室内布局选用分户送风、分户排风或分户送风公共区集中排风的系统形式。 （2）采用分户送风公共区集中排风系统时，房间需要设置过流口，并且要与集中排风区域相连。对不能设置过流口的房间，其内门与地面间净空要留 20～25mm 的缝隙
单向流新风系统设计要求	（1）应校核新风对建筑能耗、热舒适性的影响。 （2）用单向流新风系统时宜采用正压新风系统，房间要设置过流口或内门与地面间净空要留 20～25mm 的缝隙。 （3）正压单向流新风系统新风不应短路。 （4）负压单向流新风系统设计要根据门窗密闭性来确定。 （5）负压单向流新风系统宜设计恒风量新风口
无管道新风系统设计要求	（1）宜采用一个房间设置一套无管道新风系统的方法。 （2）室内送风和排风不应短路
热回收新风系统设计要求	（1）热回收通风器的类型要根据处理风量、排风中显热量和潜热量的构成，以及排风中污染物种类等选择。 （2）应对新风热回收装置的冬季防结霜或防结露措施进行校核计算，并应采取新风预热等防霜冻措施和冷凝水排放措施

新风系统的监测参数如图 4-21 所示。

新风系统的监测参数 {
室内的 CO_2 浓度和 $PM_{2.5}$ 浓度
室内送风口的 $PM_{2.5}$ 浓度
室外的 CO_2 浓度和 $PM_{2.5}$ 浓度
通风器的启停状态
过滤器的进出口静压差
}

图 4-21　新风系统的监测参数

4.3.5 分户式新风系统监测与控制原理

分户式新风系统监测与控制原理如图 4-22 所示。

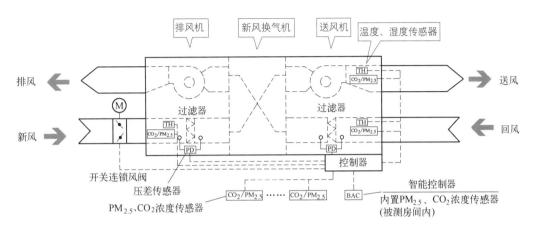

(a) 分户式新风系统有线控制原理图

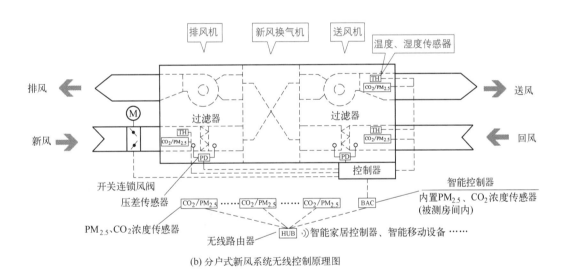

(b) 分户式新风系统无线控制原理图

图 4-22 分户式新风系统监测与控制原理

4.3.6 热回收新风机组与热回收装置

热回收新风机组是以显热或全热回收装置为核心，通过风机驱动空气流动实现新风对排风能量的回收与新风过滤的设备。热回收新风机如图 4-23 所示。

热回收装置是实现空气和空气间显热或全热能量交换的换热部件。全热交换是指同时发生显热和潜热变换的能量交换。显热交换是只发生显热变换的能量交换。

热回收新风机组代号为"ERV"，热回收装置代号为"ERC"。ERV 和 ERC 的分类及相应代号如表 4-12 所示。

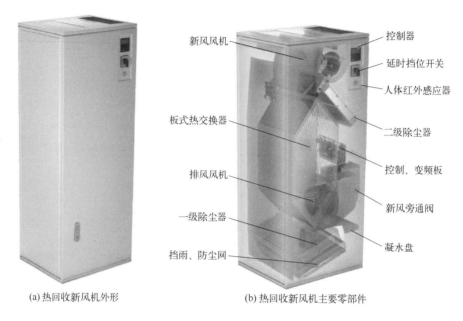

(a) 热回收新风机外形　　　　(b) 热回收新风机主要零部件

图 4-23　热回收新风机

表 4-12　ERV 和 ERC 的分类及相应代号

名称	分类方式	类别	代号
热回收新风机组（ERV）	按安装方式分	落地式	LD
		吊装式	DZ
		壁挂式	BG
		窗式	CS
		嵌入式	QS
热回收装置（ERC）	按热回收类型分	全热型	QR
		显热型	XR
	按工作状态分	旋转式（含转轮式、通道轮式等）	XZ
		静止式（含板翅式、热管式、液体循环式等）	JZ
		往复式	WF
	按进、出风断面形状分	圆形	直径 × 厚度 × 通道高度
		长方形	长 × 宽 × 厚度 × 通道高度
	按防火性能分	难燃型	NR
		非阻燃型	—
	按抗菌性能分	抗菌型	KJ
		普通型	—

4.4　新风工程施工做法

4.4.1　新风机组落地安装做法

新风机组落地安装做法如图 4-24 所示。

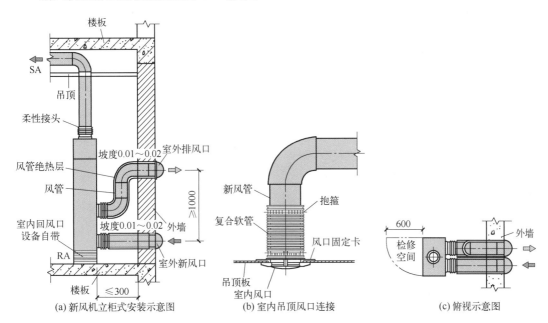

图 4-24　新风机组落地安装做法

4.4.2　住宅新风系统通风器的选择与安装做法

4.4.2.1　住宅新风系统通风器的选择

住宅新风系统通风器需要根据新风系统的风量、风压来选择，以及应符合如下规定。

（1）通风器的风量需要在系统计算风量的基础上附加风管、设备的漏风量，附加率为 5%～10%。

（2）通风器的风压需要在系统计算的压力损失基础上附加 10%～15%。

（3）通风器应选用静音型。通风器运行时的噪声水平，通风器的风量、风压、输入功率、噪声性能，电气安全性能需满足现行标准要求。

（4）具有热回收功能通风器的热交换效率需要满足的要求如表 4-13 所示。

表 4-13　具有热回收功能通风器的热交换效率需要满足的要求

类型	交换效率 / %	
	冷量回收	热量回收
焓效率	≥ 55	≥ 60
温度效率	≥ 65	≥ 70

注：焓效率适用于全热交换通风器，温度效率适用于显热交换通风器。

（5）通风器对 PM$_{2.5}$ 的净化能效分级需要符合的规定如图 4-25 所示。通风器宜选用节能级。

净化能效等级	净化能效 η /[m³/(h·W)]	
	单向流	双向流
节能级	$\eta \geqslant 5.00$	$\eta \geqslant 3.00$
合格级	$2.00 \leqslant \eta < 5.00$	$1.25 \leqslant \eta < 3.00$

图 4-25　通风器对 PM$_{2.5}$ 的净化能效分级需要符合的规定

4.4.2.2　住宅新风系统通风器的安装做法

住宅新风系统通风器的安装做法要求如下。

（1）安装通风器时，需要校核其运行重量对吊顶、屋面、地面、墙体荷载的影响。

（2）通风器不得安装在非承重结构上。

（3）通风器安装需要固定平稳，并且有防松动措施，以及需要采取减振措施。

（4）安装时需要保证通风器进风、出风方向的正确。

（5）风管与通风器的连接位置需要装设柔性接头，长度宜为 150 ～ 300mm。

（6）通风器冷凝水排放口的安装位置，需要根据就近排放的原则来设置。

住宅新风系统具体通风器的安装做法要求如表 4-14 所示。

表 4-14　住宅新风系统具体通风器的安装做法要求

名称	安装做法要求
吊顶式通风器	（1）需要根据设计或机组安装说明进行吊顶安装。无设计或无机组安装说明时，则可以根据相关图集、标准等进行安装。 （2）吊杆吊装时，吊杆锚固需要采用膨胀螺栓与楼板连接。选用的膨胀螺栓、吊杆尺寸，需要能够满足通风器的运行重量要求。螺栓锚固深度、构造措施，需要符合现行标准《混凝土结构后锚固技术规程》（JGJ 145—2013）等规定。 （3）通风器宜安装在对噪声要求不高的场所的吊顶内，并且方便维护、检修。 （4）吊顶通风器安装时需要预留检修空间，并且预留检修孔，检修孔的尺寸不宜小于500mm×500mm。 （5）安装后需要进行调节，并且保持机组水平
落地式通风器	（1）住宅新风系统落地式通风器，需要在经过设计且有足够强度的水平基础上安装，通风器需要固定在基础上。 （2）通风器安装在室外时，需要采取防护措施。 （3）住宅新风系统落地式通风器安装位置，需要便于检修，并且通风器检修操作面与墙面的距离不得小于 600mm
壁挂式通风器	（1）设置托架固定通风器时，可以根据设计或相关标准图集进行安装。直接悬挂安装时，则需要保证挂板与墙面固定牢固，通风器与挂板的悬挂要正确。 （2）通风器安装在室外时，需要具备室外安装防护条件或采取防雨措施。 （3）通风器安装位置要便于检修，室内悬挂安装时需要易于将通风器取下，室外托架安装的检修需要由专业人员操作

续表

名称	安装做法要求
墙式通风器	（1）墙体开洞时，孔洞直径需要比墙式通风器套管直径大 10 ～ 15mm。 （2）墙体孔洞与墙式通风器套管间的缝隙需要填充密实。 （3）墙上孔洞需要有 0.01 ～ 0.02 的坡度坡向室外。 （4）套管内组件安装前需要测试电机组件，电机组件运转需要正常，套管内的各组件需要根据顺序安装。 （5）室内面板需要与套管连接牢固。 （6）安装不得破坏墙体的结构或影响墙体的热工性能
窗式通风器	（1）窗式通风器的安装不得影响窗户的气密性。 （2）窗式通风器宜采用嵌入式或压条固定式安装。 （3）窗户的隔热、隔声性能不得受影响。 （4）窗户的窗框、玻璃的结构安全性不得受影响。 （5）窗户通风器与窗户的外观需协调，安装宜美观

 一点通

住宅新风系统通风器的电源设置要求

（1）新建住宅建筑需要预留通风器的电源插座。

（2）改造住宅建筑通风器电源线无法接入最近的电源插座时，需要将电源线接出，接线需要正确、坚固，并且有良好接地。

（3）电源线需要绝缘良好，不得裸露。

4.4.3　住宅新风系统风管的选择与安装做法

4.4.3.1　住宅新风系统风管的选择

住宅新风系统风管的选择要求如下。

（1）风管可以采用金属风管、非金属风管、复合风管。风管的材料品种、规格、性能、厚度等需要符合现行标准等相关规定要求。

（2）非金属、复合风管的燃烧性能不得低于现行国家标准《建筑材料及制品燃烧性能分级》（GB 8624—2012）中规定的不燃 A 级或难燃 B1 级。风管所用铝箔热敏胶带、压敏胶带、胶黏剂的燃烧性能需要满足难燃 B1 级的要求。

（3）PVC 材料的法兰燃烧性能应为难燃 B1 级。

（4）风管连接处密封材料燃烧性能应为不燃 A 级或难燃 B1 级。

（5）风管的强度需要满足在 1.5 倍的工作压力下接缝处无开裂，整体结构无永久性变形、损伤的要求。

（6）非金属风管、复合风管的污染物浓度限值，需要符合现行行业标准《非金属及复合风管》（JG/T 258—2018）等相关规定。

4.4.3.2 住宅新风系统风管的安装做法

住宅新风系统风管的安装做法如表 4-15 所示。

表 4-15 住宅新风系统风管的安装做法

名称	解说
通风器室外侧风管的安装做法	（1）风管的坡度应为 0.01 ～ 0.02，并且坡向室外。 （2）新建住宅的风管穿外墙的孔洞宜预留，预留位置要正确。 （3）既有住宅的风管穿外墙时，孔洞施工需要采取抑尘措施，并且不得破坏墙体内主筋，孔洞直径不得大于 200mm。 （4）非金属风管穿越外墙时，宜采用金属短管，或在穿越处外包金属套管。 （5）室外侧风管不得有弯曲
通风器室内侧风管的安装做法	（1）距离通风器 300 ～ 500mm 处不应变径或加弯头处理，风管需要平直。 （2）不同管径风管连接位置，应采用同心变径管连接。风管走向改变时，不得采用 90°直角弯头，宜采用 45°弯头。 （3）柔性风管的安装，需要松紧适度，不得扭曲。 （4）可伸缩性金属或非金属软风管的长度不宜超过 2m，并且不得有死弯或塌凹。 （5）既有住宅的风管不得穿梁，过梁时可采用过梁器。 （6）新建建筑穿梁应预留孔洞。 （7）新建住宅的风管穿过室内墙时，墙上宜预留孔洞，并且孔径不得大于 100mm
风管的连接做法	（1）金属风管的连接可采用角钢法兰连接、插条连接、咬口连接等。 （2）硬聚氯乙烯圆形风管的连接，可采用套管连接或承插连接。直径≤200mm 的圆形风管，采用承插连接时，插口深度宜为 40 ～ 80mm，黏结处需要严密与牢固。采用套管连接时，套管长度宜为 150 ～ 250mm，其厚度不得小于风管壁厚
地送风风管的安装做法	（1）风管连接宜采用承插连接，插口深度宜为 40 ～ 80mm，并且黏结处要严密、牢固。 （2）风管方向改变时宜采用 45°弯头

 一点通

　　管道施工过程中和施工完毕后，需要保持管道系统的封闭，以免杂物、灰尘进入。风管与风口的连接需要严密牢固，边框与建筑饰面需要贴实，表面要平整。风管穿墙时应封填密实风管与孔洞间的缝隙。风管穿屋面时，风管与屋面的交接处应有防渗水措施。室内风口不得直接安装在主风管上，风口与主风管间需要通过短管连接。

4.4.4 住宅新风系统风阀的选择与安装做法

住宅新风系统风阀的选择要求如下：
（1）风阀规格需要符合现行相关标准的规定，并且满足设计、使用等要求。
（2）风阀启闭要灵活，结构要牢固，壳体要严密，防腐要良好，表面要平整。
（3）风阀法兰与风管法兰需要相匹配。
（4）采用驱动装置的风阀在最大工作压差下需要操作正常。
（5）风阀需要有开度的指示机构、保证风阀全开与全闭位置的限位机构，手动风阀还需要有保持任意开度的锁定机构。

（6）风阀的最大工作压差不得小于产品名义值的 1.1 倍。

（7）风阀全开时，有效通风面积比不得小于 80%。

（8）恒风量调节阀在规定的压差范围内，流量波动范围不得超过额定流量的 10%。

 一点通

住宅新风系统阀的安装要求

（1）阀门安装的位置、高度、进出口方向，需要符合设计要求，连接要牢固紧密。

（2）风阀要安装在便于操作、检修的部位，安装后的手动或电动操作装置要灵活可靠。

4.4.5　住宅新风系统过滤设备的选择与安装做法

住宅新风系统过滤设备的选择要求如下。

（1）新风系统的过滤设备需要满足后期更换维护需求，可以单独设置在新风进风管上，也可集成在通风器壳体内部。

（2）过滤设备的效率、阻力、容尘量性能需要符合现行标准等的要求。

（3）过滤设备宜设置阻力检测、报警装置。报警装置可以选用亮显式、声音提醒式，并且需要设置在显著位置。

（4）过滤设备需要符合的规定如下：

① 不宜采用油性过滤器；

② 过滤器宜选用阻隔式；

③ 静电式过滤器需要设置断电保护措施，在打开机组结构或进行维护维修时，其内部装置需要能自动断电；

④ 需要符合卫生要求，并且不得对新风产生二次污染。静电式过滤器 1h 臭氧浓度增加量不得高于 $0.05mg/m^3$；

⑤ 可清洗、可更换的过滤器，需要满足拆装方便，清洗方法简单的要求；

⑥ 阻隔式过滤器宜选用方便采购、具有通用规格等特点的产品。

 一点通

住宅新风系统过滤净化设备的安装要求

（1）独立的新风过滤净化设备单元需要安装在通风器与室外相连接的新风管道上，安装需要平整牢固，方向要正确，与管道的连接要严密。

（2）通风器内的过滤净化设备需要安装牢固、方向正确。过滤设备与通风器机体间需要严密、无穿透缝。

4.5　住宅新风系统的风口及监测与控制系统

4.5.1　住宅新风系统风口的选择

住宅新风系统风口的选择要求如下。

（1）新风系统风口的外观应表面平整，装饰面颜色一致，无明显的划伤、压痕，拼缝要均匀。

（2）风口的几何性能要符合现行行业标准《通风空调风口》（JG/T 14—2010）等相关规定。

（3）风口的机械性能要符合的规定如下：

① 风口的活动零件要动作自如，阻尼要均匀，不得卡死、不得松动；

② 导流片要调节拆卸方便、可靠，定位后不得松动；

③ 带调节阀的风口阀片要调节灵活可靠，阻尼均匀，定位后不得松动。

 一点通

条形风口安装时接缝处衔接要自然，不得有明显缝隙。同一厅室、房间内的风口需要排列整齐。

4.5.2　住宅新风系统监测与控制系统的安装

住宅新风系统监测与控制系统的安装要求如下。

（1）传感器需要在室内装修完成后安装，安装要牢固美观，不得破坏室内装饰布局的完整性。

（2）监测与控制系统要设置智能控制器，新建住宅宜预留智能控制器的安装位置、导线穿管位置。

（3）既有住宅建筑的智能控制器安装时要进行导线穿管敷设，并且需要保证接线正确、牢固。智能控制器宜安装在室内照明开关所在的墙面上，高度距地面 1.2 ～ 1.5m。

（4）导管直径要与所穿导线的截面、根数相适应，管内导线不得有接头。

（5）明配管要整齐美观。

（6）暗配管时宜沿最近的路线敷设，宜减少弯曲。

（7）埋地管路不宜穿过设备基础。

第5章

空调工程

5.1 空调工程基础

5.1.1 空调设备与空调工程特点

建筑中的单纯通风系统可能会受到室外空气状态的限制，例如无法进行温度的调节。空调，可以说是一种高级的通风系统，其包含了采暖与通风的部分功能。

空调分为舒适性空调、工艺性空调两大类。舒适性空调以室内人员为对象，以创造舒适环境为目的。工艺性空调是以生产工艺、机器设备或存放物品为对象，以保持最适宜的室内条件为目的。

空调设备是指调节空气参数的空气处理设备。组合式空调机组、空气换热器、加湿器、空气调节机（器）、除湿机、热回收器、风机盘管机组、消声器等均属于空调设备，如图 5-1 所示。

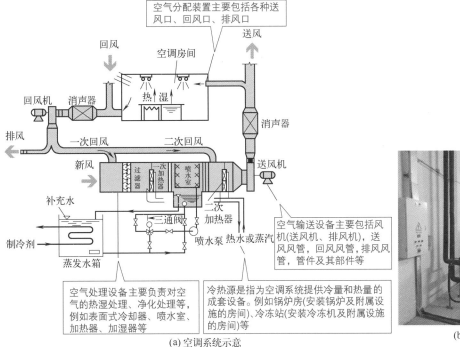

(a) 空调系统示意

(b) 空调机房

图 5-1　空调系统

空调系统中的空调器主要由空气过滤器、冷热交换器、送风机等组成。空调器主要形式有分体组装式、整体式两种。安装形式有立式、卧式、吊顶式等。其中，分体组装式机组是指将空气处理设备根据功能需要现场组装成一体的机组。整体式机组是指将空气处理设备集中放置在一个箱体内的机组。

风机过滤器机组是由风机箱与高效过滤器等组成的用于洁净空间的一种单元式送风机组。

风机是输送空气的动力装置。常用的风机有离心式风机、轴流式风机等。

消声器可以消除管道中的噪声，一般在送回风管道上设置消声器或消声弯头。

空调系统常见的阀门有调节阀、防火阀、止回阀、风机启动阀等，一些阀门的特点如下：

（1）调节阀能够调节送风量，常安装在总管、支管或送风口前。调节阀常用的形式有蝶阀、对开多叶调节阀、三通调节阀等。

（2）防火阀能够防止火灾蔓延。防火阀一般设在风管经过有火灾危险房间时、垂直风管与水平管道分支处的水平管道上、施工缝两侧、防火墙两侧等情况和位置。

（3）止回阀能够防止风机停止运转后气流倒流，常设于风机送风口。

空调工程施工是将空调系统内机组、阀门、风道等进行连接、安装、固定等施工作业的过程。

 一点通

常用的冷冻机有冷水机组（将制冷压缩机、冷凝器、蒸发器、自控元件等组装成一体，可以提供冷水的压缩式制冷机）、压缩冷凝机组（将压缩机、冷凝器、必要附件组装在一起的机组）。净化设备是用于减少空间空气中的污染物质，满足空间内的洁净度要求，对空气中的颗粒物、气态污染物、微生物等一种或多种污染物具有去除能力，可以使空气清洁的各种设备。

5.1.2　空调系统的分类与中央空调特点

根据系统风量调节方式，空调系统分为定风量系统（CAV）、变风量系统（VAV）等。根据主风道中的风速，空调系统可分为低速系统（10～15m/s）、高速系统（20～30m/s）。根据风道设置，空调系统可分为单风道系统、双风道系统。其中，单风道系统由一条送风管道和一条回风管道组成，双风道系统由两条送风管道（一条送冷风、一条送热风）和一条回风管道组成。

根据应用场所，空调分为家用空调、商用空调。建筑水暖电与通风工程中涉及的主要是商用空调，并且常包括中央空调、工程机等，即户式中央空调、多联机、天花机、单元机等。鉴于商用空调施工做法比家用空调复杂一些，本书主要讲述商用空调施工做法，一些家用空调施工做法可以参考借鉴。

一般认为制冷量大于14000W，带风道的空调器叫做商用中央空调、商用空调。制冷量小于 14000W 的，一般叫做家用空调。

中央空调是集中处理空调负荷的系统形式，空调机组产生的冷（热）量是通过一定的介质输送到空调房间的。中央空调系统由冷热源系统与空气调节系统组成。制冷系统为空气调节系统提供所需冷量，用以抵消室内环境的冷负荷。制热系统为空气调节系统提供所需热量，用以抵消室内环境的热负荷。

中央空调输送介质主要有三种：空气、水、制冷剂。为此，户式中央空调可以分为风管系统、冷热水系统、制冷剂系统。

小型中央空调的中央空调子系统，适应小面积小空间使用。多个小型中央空调的中央空调子系统并联组成模块组合，则可以满足大面积大空间的使用需求。

多联机中央空调，俗称一拖多，是户用中央空调的一个类型。多联机中央空调往往一台室外机通过配管连接两台或两台以上室内机，是室外侧采用风冷换热形式、室内侧采用直接蒸发换热形式的一种制冷剂空调系统。

根据空气处理设备的设置集中情况，中央空调分为集中式空调系统、分散式空调系统、半集中式空调系统等，如图 5-2 所示。典型的半集中式空调系统有诱导器系统、风机盘管系统等。

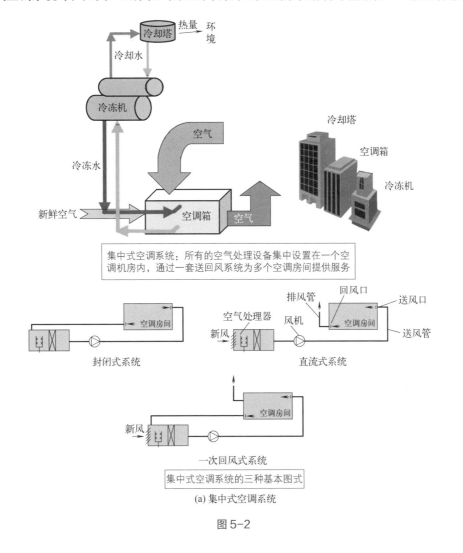

(a) 集中式空调系统

图 5-2

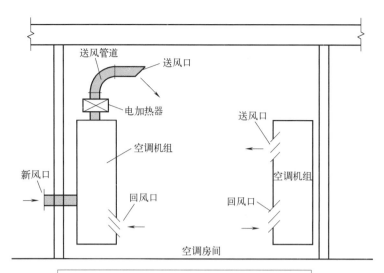

分散式空调系统：空气处理设备、冷热源、风机等集中设置在一个壳体内，形成结构紧凑的空调机组，分别放置在空调房间内承担各自房间的空调负荷而互不影响

(b) 分散式空调系统

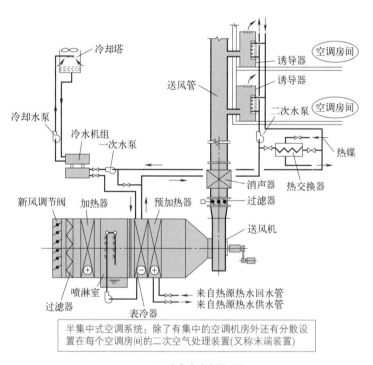

半集中式空调系统：除了有集中的空调机房外还有分散设置在每个空调房间的二次空气处理装置(又称末端装置)

(c) 半集中式空调系统

图 5-2　中央空调的类型（按设备设置情况分）

根据工作原理，中央空调的类型如图 5-3 所示。

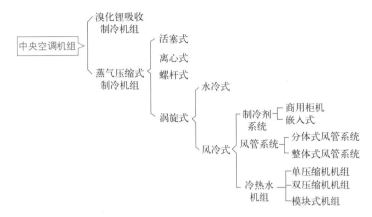

图5-3　中央空调的类型（按工作原理分）

　　根据负担室内热湿负荷所用介质，中央空调的类型有全空气方式、全水方式、直接冷却方式、空气水方式等，各类中央空调原理简图如图5-4所示。

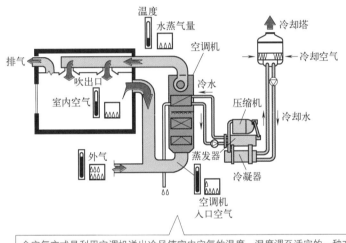

全空气方式是利用空调机送出冷风使室内空气的温度、湿度调至适宜的一种方式。
全空气方式一般可配用风道及送风口、回风口。
全空气方式是大型空调系统常采用的一种方式

(a) 全空气方式

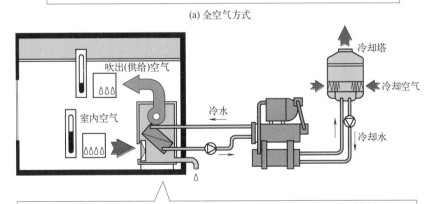

全水方式是利用冷冻机制造出的冷水(或锅炉制出的热水)通过空调房间的风机盘管中的一种方式。
全水方式多用于饭店的客房系统或商场的空调场合

(b) 全水方式

图5-4

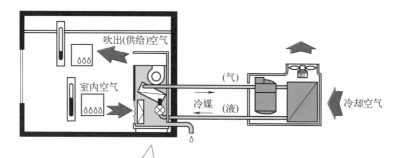

直接冷却方式是利用热交换器中的制冷剂汽化蒸发吸热来冷却室内空气的一种方式。
直接冷却方式广泛应用于各种房间空调器和小面积的中央空调系统

(c) 直接冷却方式

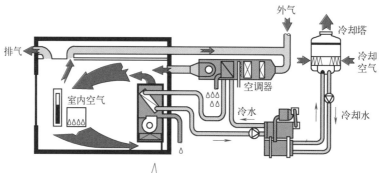

空气水方式是简单全空气方式与全水方式的结合，既具有全水方式控制简单的特点，又具有全空气方式可灵活调节室内空气清新度的优点。
风机盘管加新风系统就是典型的空气水方式，也是目前国内采用最普遍的类型

(d) 空气水方式

图 5-4　各类中央空调原理简图

典型集中式空调系统——全空气单风道系统简图如图 5-5 所示。

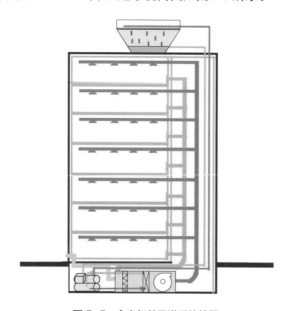

图 5-5　全空气单风道系统简图

不同类型的中央空调具体涉及的施工做法可能存在差异。具体施工时，应针对中央空调的具体类型，理顺其特点进行施工。

空调风管施工做法应根据设计等确定。一些空调系统的特点如图 5-6 所示。中央空调机组也可以分为家用、商用两种。根据中央空调机组原理，可以分为变频一拖多机组（即 VRV 系统）、冷（热）水机组、风管（道）式机组等类型。

(a) 全新风直流降温系统 —— 舒适型空调系统

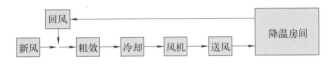

(b) 新风、回风降温系统 —— 舒适型空调系统

(c) 空调系统(温、湿度同时有要求) —— 工艺型空调系统

(d) 考虑防冻的空调系统(温、湿度同时有要求) —— 工艺型空调系统

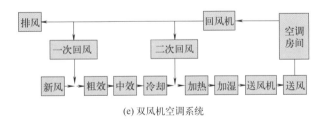

(e) 双风机空调系统

图 5-6　一些空调系统的特点

5.1.3　中央空调系统结构部件

中央空调系统图如图 5-7 所示。根据该图，就可以知道中央空调系统的初步特点、节点关联、大致的结构部件。

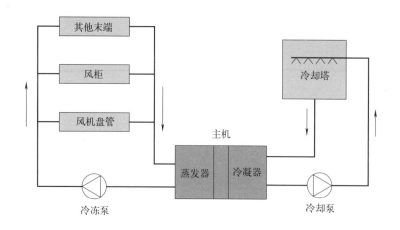

(a) 中央空调系统简图

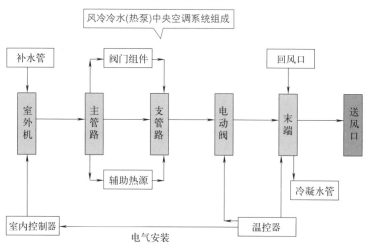

(b) 中央空调系统组成简图

图 5-7　中央空调系统图

空调风系统的结构部件包括进风口、风管、风机、送风口、回风口等。

空调水系统的结构部件包括水泵、水管、分水器、集水器等。

空调控制系统的结构部件包括电气控制系统、监控系统等。其中，电气控制系统主要是指强电部分，包括系统的供电、可实现空调系统的手动控制等。监控系统主要是指弱电部分，包括各种传感器控制、执行器的控制、物业管理中心的集中监控功能与自动化监控。中央空调监控系统主要设备包括传感器、执行器、控制器、装监控管理软件的中央监控站（计算机）等。

常见的传感器有如下几种。

（1）温度传感器——用于测量室内、室外空气及水管、风管的温度，有室内温度传感器、室外温度传感器、风管式温度传感器、水管式温度传感器等种类。

（2）水压压差开关——用来监测管道水压差，例如测量分水器、集水器间的水压差，或者水泵进出水管间的水压差。

（3）水管压力传感器、变送器——用于测量水管中的水压力。

（4）水流开关——用来检测水管中水流状态，当水流速达到设定值时，会给出开关量信号。

（5）流量传感器——用来测量水管中的流量，常用的流量传感器有电磁式流量传感器、涡轮式流量传感器等。

（6）过滤网压差传感器——也叫过滤网压差开关，用于检测空调过滤器是否堵塞。

（7）防冻开关——防冻开关主要应用于北方地区空调机组或新风机组在冬季运行时的防冻保护。 在机组送风温度过低时报警，同时联动保护动作，以防止机组中的盘管冻裂。

常见的执行器如下：

（1）电动水阀——主要由电动机驱动，可以调节阀门开度大小。

（2）电磁阀——主要是利用线圈通电后产生电磁吸力控制阀门开关，因此阀门只有开关两种状态。

（3）止回阀——主要用来防止水回流。

（4）阀门驱动器——主要用来驱动阀门。有电动风阀执行器、电动水阀执行器等种类。

部分传感器、执行器安装位置如图 5-8 所示。

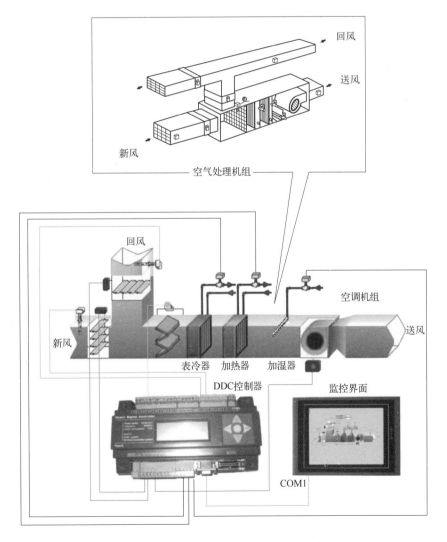

图 5-8　部分传感器、执行器安装位置示意

5.1.4　中央空调通风口分类与特点

中央空调通风口的基本规格与特点如下：

（1）风口基本规格可以用喉部尺寸（与风管的接口尺寸）来表示。

（2）方形、矩形风口基本规格宽度范围一般为 25 ～ 1300mm，高度范围一般为 25 ～ 1300mm，按相等间距数 20mm、25mm 变化。

（3）圆形风口基本规格范围一般为 50 ～ 800mm，按相等间距数 20mm、25mm 变化。

（4）散流器的基本规格按相等间距数 20mm、25mm、50mm 变化。

中央空调风口种类如下。

（1）百叶风口——固定百叶常用于卫生间回风口，活动百叶（单层、双层、三层）可调节百叶方向，多用作送风口，单层百叶也可以用作回风口。

（2）条缝送风口——一般用于要求噪声低、气流均匀部位的送风口。

（3）插板式风口——一般用于通风系统送风口。

（4）散流器（圆形、方形）——一般安装于吊顶上，属于下送风口。方形散流器也可以用于回风口。

（5）格栅风口——适合应用于吊顶上或风管末端，也可以安装在地板或侧壁上。

一些风口种类如图 5-9 所示。

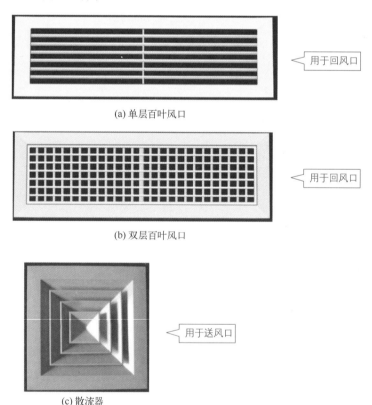

(a) 单层百叶风口

(b) 双层百叶风口

(c) 散流器

图 5-9　一些风口种类

气流组织形式包括侧送侧回、侧送下回、下送下回，如图 5-10 所示。

图 5-10　气流组织形式

 一点通

风口有关计算公式与数值

（1）风口截面面积 = 风量 / 风速。

（2）送风口风速 ≤ 2.5m/s。

（3）回风口风速 ≤ 2m/s。

（4）新风口风速 ≤ 2.5m/s。

（5）排风口风速 ≤ 2m/s。

（6）风口数量：每 16 ～ 25m^2 设置一个风口。

5.1.5　中央空调冷媒配管的选择

　　中央空调冷媒配管的管径、材质、厚度等选择需要符合现行国家有关标准的要求。中央空调冷媒配管常选择磷脱氧无缝铜管，并且是直管或盘管，这样可避免进行过多的钎焊连接。

　　中央空调冷媒配管一般根据管径进行管材的选取，如图 5-11 所示。

外径		外径	
ϕ6.4		ϕ22.0	
ϕ9.5		ϕ25.0	
ϕ12.7	盘管	ϕ28.6	直管
ϕ15.9		ϕ38.0	
ϕ19.0		ϕ45.0	
		ϕ56.0	
		ϕ67.0	

图 5-11　根据管径进行管材的选取（单位：mm）

5.1.6　中央空调冷媒配管的固定

　　空调在运行过程中，会使冷媒配管产生变形（例如伸缩、下垂等）。为了防止配管损坏，需要采用吊架或托架加以支撑。横管固定支撑点间隔的要求如图 5-12 所示。

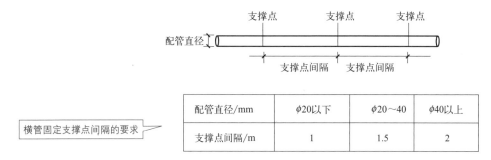

图 5-12   横管固定支撑点间隔的要求

一般情况，横管的固定需要将气管与液管并行悬挂，支撑点的间隔距离根据气管的管径选择，由于流动的冷媒会随运转和工况的变化而发生温度差异导致冷媒配管产生热胀冷缩现象，所以不能将保温后的配管完全夹紧，否则可能造成铜管因应力集中而开裂。

立管（竖直管）需要根据管道走向，沿墙体进行固定。管卡位置需要使用圆木码代替保温材料。U 形管卡在木码外固定，并且木码需要进行防腐处理。立管（竖直管）加固时支撑点间隔的要求如图 5-13 所示。

图 5-13   立管（竖直管）固定支撑点间隔的要求

局部位置的固定是为了防止配管伸缩导致局部产生应力集中，一般需要考虑在分歧管、端管、墙体贯穿孔附近加以局部固定。

5.1.7   金属管道的安装要求

金属管道的安装要求如下。

（1）镀锌钢管、带有防腐涂层的钢管，不得采用焊接连接，需要采用螺纹连接。管径大于 DN100 时，则可以采用卡箍或法兰连接。

（2）金属管道的焊接施工，企业应具有相应的焊接工艺评定，施焊人员需要持有相应焊接类别的技能证明。

（3）金属管道与设备现场焊接的管道焊接材料的品种、规格、性能，需要符合设计等有关要求。

（4）金属管道与设备现场焊接的管道焊接坡口形式、尺寸，需要符合的有关规定如表 5-1 所示。

（5）管道现场焊接后，焊缝表面要清理干净，并且需要进行外观质量检查。管道焊缝外观质量允许偏差如图 5-14 所示，管道焊缝余高、根部凸出允许偏差如表 5-2 所示。

表 5-1　金属管道与设备现场焊接的管道焊接坡口形式、尺寸需要符合的规定

厚度 T/mm	坡口名称	坡口形式	坡口尺寸			备注
			间隙 C/mm	钝边 P/mm	坡口角度 α/(°)	
$1 \sim 3$	I 形坡口		$0 \sim 1.5$ 单面焊	—	—	内壁错边量 $\leq 0.25T$, 且 ≤ 2mm
$3 \sim 6$			$0 \sim 2.5$ 双面焊			
$3 \sim 9$	V 形坡口		$0 \sim 2.0$	$0 \sim 2.0$	$60 \sim 65$	
$9 \sim 26$			$0 \sim 3.0$	$0 \sim 3.0$	$55 \sim 60$	
$2 \sim 30$	T 形坡口		$0 \sim 2.0$	—	—	—

焊缝 ==质量要求==> 不允许有裂缝、未焊透、未熔合、表面气孔、外露夹渣、未焊满等现象

咬边 ==质量要求==> 纵缝不允许咬边；其他焊缝深度 $\leq 0.10T$(T 为板厚)，且 ≤ 1mm，长度不限

根部收缩（根部凹陷） ==质量要求==> 深度 $\leq 0.2+0.04T$，且 ≤ 2mm，长度不限

角焊缝厚度不足 ==质量要求==> 应 $\leq 0.3+0.05T$，且 ≤ 2mm；每 100mm 焊缝长度内缺陷总长度 ≤ 25mm

角焊缝焊脚不对称 ==质量要求==> 差值 $\leq 2+0.20t$(t 为设计焊缝厚度)

图 5-14　管道焊缝外观质量允许偏差

表 5-2　管道焊缝余高和根部凸出允许偏差

母材厚度 T/mm	≤ 6	> 6, ≤ 13	> 13, ≤ 50
余高和根部凸出 /mm	≤ 2	≤ 4	≤ 5

（6）金属管道的支架、吊架的形式、位置、间距、标高需要符合设计等有关要求。如果设计无要求，则需要符合有关规定。水平安装管道支架、吊架的最大间距如表 5-3 所示。

表 5-3　水平安装管道支架、吊架的最大间距

公称直径 /mm		15	20	23	32	40	50	70	80	100	125	150	200	250	300
支架的最大间距 /m	L_1	1.5	2.0	2.5	2.5	3.0	3.5	4.0	5.0	5.0	5.5	6.5	7.5	8.5	9.5
	L_2	2.5	3.0	3.5	4.0	4.5	5.0	6.0	6.5	6.5	7.5	7.5	9.0	9.5	10.5

注：（1）适用于工作压力不大于 2.0MPa，不保温或保温材料密度不大于 200kg/m³ 的管道系统。

（2）L_1 用于保温管道，L_2 用于不保温管道。

（3）公称直径大于 300mm 的管道，可参考公称直径为 300mm 的管道执行。

（4）洁净区（室内）管道支吊架应采取镀锌或其他防腐措施。

5.1.8 聚丙烯（PP-R）管道的安装要求

采用聚丙烯（PP-R）管道时，管道与金属支架、吊架间需要采取隔绝措施，不宜直接接触，支架、吊架的间距需要符合设计等有关要求。设计无要求时，聚丙烯（PP-R）冷水管支架、吊架的间距需要符合的有关规定如表 5-4 所示。使用温度大于或等于 60℃热水管道需要加宽支承面积。

表 5-4 聚丙烯（PP-R）管道支架、吊架的间距需要符合的规定

公称外径 /mm	20	25	32	40	50	63	75	90	110
水平安装间距 /mm	600	700	800	900	1000	1100	1200	1350	1550
垂直安装间距 /mm	900	1000	1100	1300	1600	1800	2000	2200	2400

5.1.9 钢制管道的安装要求

钢制管道的安装要求如下。

（1）管道、管件安装前，需要将其内壁、外壁的污物与锈蚀清除干净。管道安装后，需要保持管内清洁。

（2）热弯时，弯制弯管的弯曲半径不得小于管道外径的 3.5 倍。冷弯时，不得小于管道外径的 4 倍。焊接弯管不得小于管道外径的 1.5 倍。冲压弯管不得小于管道外径的 1 倍。弯管的最大外径与最小外径差，不得大于管道外径的 8%。管壁减薄率不得大于 15%。

（3）冷（热）水管道与支架、吊架间需要设置衬垫。衬垫的承压强度，需要满足管道全重要求，并且需要采用不燃与难燃硬质绝热材料或经防腐处理的木衬垫。衬垫的厚度不得小于绝热层厚度，宽度需要大于或等于支架、吊架支承面的宽度。衬垫的表面需要平整，上下两衬垫接合面的空隙需要填实。

（4）安装在吊顶内等暗装区域的管道，位置要正确，并且不得有侵占其他管线安装位置的现象。

（5）管道安装允许偏差与检验方法如表 5-5 所示。

表 5-5 管道安装允许偏差与检验方法

项目			允许偏差 /mm	检查方法
坐标	架空及地沟	室外	25	按系统检查管道的起点、终点、分支点和变向点及各点之间的直管。
		室内	15	
	埋地		60	
标高	架空及地沟	室外	±20	用经纬仪、水准仪、液体连通器、水平仪、拉线和尺量检查
		室内	±15	
	埋地		±25	
水平管道平直度	DN ≤ 100mm		0.2L%，最大 40	用直尺、拉线和尺量检查
	DN > 100mm		0.3L%，最大 60	
立管垂直度			0.5L%，最大 25	用直尺、线锤、拉线和尺量检查

续表

项目	允许偏差 /mm	检查方法
成排管段间距	15	用直尺尺量检查
成排管段或成排阀门在同一平面上	3	用直尺、拉线和尺量检查
交叉管的外壁或绝热层的最小间距	20	用直尺、拉线和尺量检查

注：L 为管道的有效长度（mm）。

5.1.10 沟槽式连接管道的安装要求

沟槽式连接管道的沟槽与橡胶密封圈和卡箍套要配套，沟槽及支架、吊架的间距要求如表 5-6 所示。

表 5-6 沟槽式连接管道的沟槽及支架、吊架的间距要求

公称直径 /mm	沟槽		端面垂直度允许偏差 /mm	支、吊架的间距 /m
	深度 /mm	允许偏差 /mm		
65 ～ 100	2.20	0 ～ 0.3	1.0	3.5
125 ～ 150	2.20	0 ～ 0.3	1.5	4.2
200	2.50	0 ～ 0.3		4.2
225 ～ 250	2.50	0 ～ 0.3		5.0
300	3.0	0 ～ 0.5		5.0

注：（1）连接管端面应平整光滑、无毛刺；沟槽深度在规定范围。
（2）支、吊架不得支承在连接头上。
（3）水平管的任两个连接头之间应设置支、吊架。

5.1.11 配管铜管的搬入与存放要求

配管铜管的搬入与存放要求如下。
（1）搬入施工场地需要注意避免弯曲变形。
（2）保存中的铜管必须用端盖或胶带封口。
（3）盘管必须竖放，以防止自重引起压缩变形等，如图 5-15 所示。

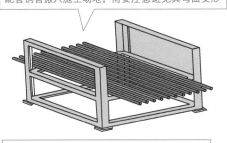

配管在施工现场应放置在专门架台上或在指定场所专门保管。
保存中，必须用木支架等使铜管高于地面，以防尘、防水。
配管铜管搬入施工场地，需要注意避免其弯曲变形

保存中的铜管必须用端盖或胶带封口。
盘管应竖放，以防止自重引起压缩变形。
配管铜管两端要有防止灰尘、雨水等进入的防范措施

图 5-15 配管铜管的搬入与存放要求

5.1.12　配管铜管封口的施工做法

对于短时间存放的配管铜管的封口，可以采用堵盖、胶带封缠封口的做法。对于长时间存放的配管铜管的封口，可以采用封焊等做法。另外，铜管在现场施工中应考虑随时封口，以免造成堵塞等异常现象。

配管铜管封口的施工做法如图 5-16 所示。

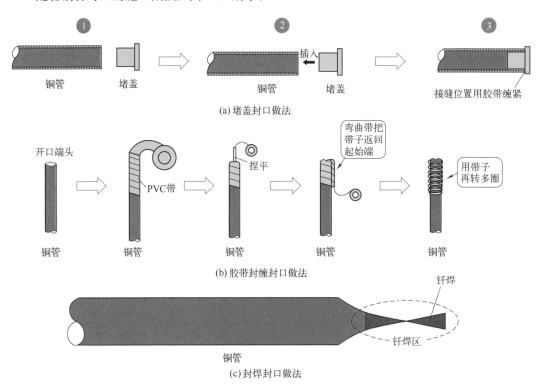

图 5-16　配管铜管封口的施工做法

配管连接完毕前，配管开口部要严格用盖盖住，并且配管开口部尽量横向、朝下放置，如图 5-17 所示。

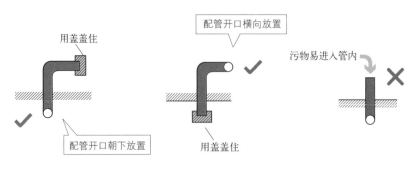

图 5-17　配管开口部尽量横向、朝下放置

配管不要直接放置在地面，或者不要与地面摩擦。配管通过墙壁时，配管端口要堵盖，以免使污物进入管内。雨天进行配管作业时，必须堵上盖后施工，如图 5-18 所示。

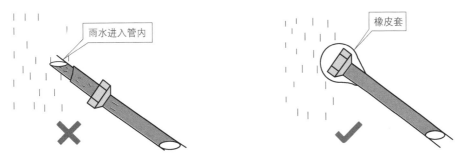

图 5-18 雨天作业配管应堵上盖后施工

5.1.13 铜管切管与端口修整做法

铜管切管只能用割管器,不能用锯或切割机切割铜管。如果用锯或切割机切割铜管,则会导致铜屑进入管内,难彻底吹扫干净,并且铜屑还可能进入压缩机或堵塞节流部件,带来极大的危险。

铜管切管正确操作方法:缓慢地转动割管器并且不断对割管器加力,在铜管不发生变形的情况下割断铜管。

清除铜管断口的毛刺、清扫管内和整修管端,有利于扩口操作,以及可以防止扩口密封面有伤痕等现象。

铜管端口修整操作方法如下。

(1)首先用刮刀等将内侧毛刺去掉。注意作业时,铜管管端必须向下倾斜,以防止铜屑掉入管内。

(2)再倒角,并且倒角结束后用棉纱布将管内铜屑彻底清理干净。

(3)修整时,不要造成伤痕,以免扩口时发生破裂。

(4)如果管端出现明显变形情况,则需要将其割掉重新加工。

5.1.14 铜管胀管加工与扩喇叭口做法

铜管胀管加工是指把管口扩大,然后将铜管插入,可以代替直通,以减少焊点。铜管胀管连接部位需要保持平整、光滑,并且切管后需要清除管口内部毛刺。

铜管胀管加工操作方法:首先将胀管器胀头插入倒管内进行扩管,再在胀管完成后把铜管转一个小角度,以及修整胀管头。

铜管扩喇叭口主要用于螺纹连接。铜管扩喇叭口的操作要点与注意事项如下。

(1)扩口作业前,需要对硬管进行退火处理。

(2)切割管子需要用割管顺。如果使用钢锯、金属切割设备,则铜管断面可能会出现过度变形和铜屑进入管内等情况。

(3)小心去除管道毛刺,以免喇叭口产生伤痕,导致冷媒泄漏。

(4)连接管道时,采用两把扳手进行操作。

(5)扩口前扩口螺母需要先装上管子。

(6)需要采用合适的扭矩来紧固扩口螺母,如图 5-19 所示。

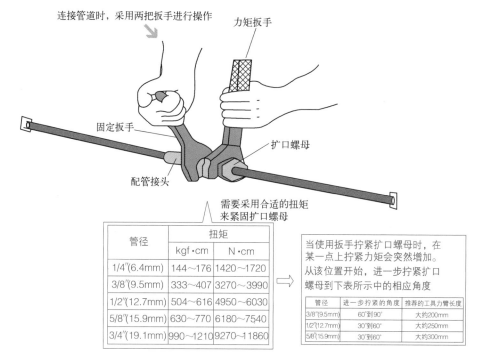

图 5-19　铜管扩喇叭口连接

（7）扩喇叭口完成后，需要检查扩口表面是否存在损伤，无损伤为合格。扩口参考尺寸如图 5-20 所示。

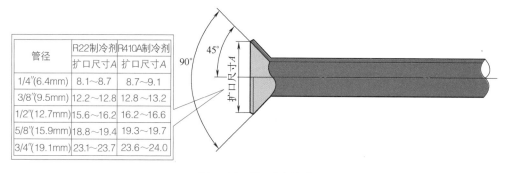

图 5-20　扩口参考尺寸

5.1.15　铜管弯管加工做法

对于 φ6.4～φ12.7 细铜管，可以用手进行弯管加工。对于范围较广的 φ6.4～φ67 的铜管，也可以采用机械进行弯管加工，例如弹簧弯管器、手动弯管器、电动弯管器等。

弹簧弯管操作时，插入铜管内的弯管器要清洁。铜管弯管加工时，铜管不能有皱纹、变形、凹陷等情况，如图 5-21 所示。

5.1.16　通风空调子分部工程与分项工程的分类

通风空调子分部工程与分项工程的分类如图 5-22 所示。

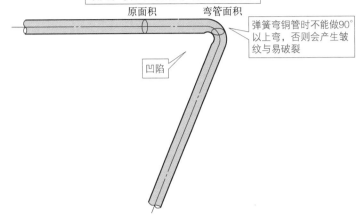

弯管加工不得使配管凹陷。弯管截面必须大于弯管2/3原面积，否则不能使用

原面积　　弯管面积

弹簧弯铜管时不能做90°以上弯，否则会产生皱纹与易破裂

凹陷

图 5-21　铜管弯管加工的错误做法

送风系统	分项工程	风管与配件制作，部件制作，风管系统安装，风机与空气处理设备安装，风管与设备防腐，旋流风口、岗位送风口、织物(布)风管安装，系统调试
排风系统	分项工程	风管与配件制作，部件制作，风管系统安装，风机与空气处理设备安装，风管与设备防腐，吸风罩及其他空气处理设备安装，厨房、卫生间排风系统安装，系统调试
防、排烟系统	分项工程	风管与配件制作，部件制作，风管系统安装，风机与空气处理设备安装，风管与设备防腐，排烟风阀(口)、常闭正压风口、防火风管安装，系统调试
除尘系统	分项工程	风管与配件制作，部件制作，风管系统安装，风机与空气处理设备安装，风管与设备防腐，除尘器与排污设备安装，吸尘罩安装，高温风管绝热，系统调试
舒适性空调系统	分项工程	风管与配件制作，部件制作，风管系统安装，风机与组合式空调机组安装，消声器、静电除尘器、换热器、紫外线灭菌器等设备安装，风机盘管、变风量与定风量送风装置、射流喷口等末端设备安装，风管与设备绝热，系统调试
恒温恒湿空调系统	分项工程	风管与配件制作，部件制作，风管系统安装，风机与组合式空调机组安装，电加热器、加湿器等设备安装，精密空调机组安装，风管与设备绝热，系统调试
净化空调风系统	分项工程	风管与配件制作，部件制作，风管系统安装，风机与净化空调机组安装，消声器、换热器等设备安装，中、高效过滤器及风机过滤器机组等末端设备安装，风管与设备绝热，洁净度测试，系统调试
地下人防通风系统	分项工程	风管与配件制作，部件制作，风管系统安装，风机与空气处理设备安装，过滤吸收器、防爆波活门、防爆超压排气活门等专用设备安装，风管与设备防腐，系统调试
真空吸尘系统	分项工程	风管与配件制作，部件制作，风管系统安装，管道快速接口安装，风机与滤尘设备安装，风管与设备防腐，系统压力试验及调试
空调(冷、热)水系统	分项工程	管道系统及部件安装，水泵及附属设备安装，管道冲洗与管内防腐，板式热交换器、辐射板及辐射供热、供冷地埋管安装，热泵机组安装，管道、设备防腐与绝热，系统压力试验及调试
冷却水系统	分项工程	管道系统及部件安装，水泵及附属设备安装，管道冲洗与管内防腐，冷却塔与水处理设备安装，防冻伴热设备安装，管道、设备防腐与绝热，系统压力试验及调试
冷凝水系统	分项工程	管道系统及部件安装，水泵及附属设备安装，管道、设备防腐与绝热，管道冲洗，系统灌水渗漏及排放试验

图 5-22

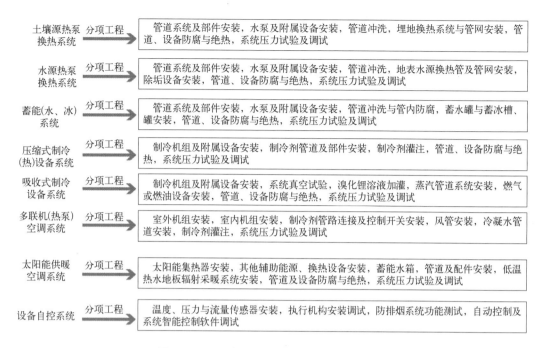

图5-22 通风空调子分部工程与分项工程的分类

5.1.17 系统调试包含的内容

通风与空调工程安装完毕后，需要进行系统调试。系统调试包括的内容有设备单机试运转与调试、系统非设计满负荷条件下的联合试运转与调试等。其中，设备单机试运转与调试的要求如表5-7所示。

表5-7 设备单机试运转与调试的要求

名称	解说
通风机、空气处理机组中的风机试运转与调试	（1）通风机、空气处理机组中的风机叶轮旋转方向要正确，运转要平稳、无异常振动与无声响。 （2）电机运行功率需要符合设备技术文件等有关要求。 （3）在额定转速下连续运转2h后，滑动轴承外壳最高温度不得大于70℃，滚动轴承不得大于80℃
水泵试运转与调试	（1）水泵叶轮旋转方向要正确，要无异常振动、无异常声响，紧固连接部位要无松动。 （2）电机运行功率要符合设备技术文件要求。 （3）水泵连续运转2h滑动轴承外壳最高温度不得超过70℃，滚动轴承不得超过75℃
冷却塔风机与冷却水系统试运转与调试	（1）冷却塔风机与冷却水系统循环试运行不应小于2h，运行要无异常。 （2）冷却塔本体要稳固、要无异常振动。 （3）冷却塔中风机的试运转需要符合设计等规定
制冷机组试运转与调试	（1）制冷机组运转要平稳，要无异常振动与无声响。 （2）各连接与密封部位不得有松动、滑气、漏油等现象。 （3）吸气、排气的压力与温度要在正常工作范围内。 （4）能量调节装置、各保护继电器、安全装置的动作要正确、灵敏、可靠。 （5）正常运转不应少于8h

续表

名称	解说
多联式空调（热泵）机组系统试运转与调试	（1）多联式空调（热泵）机组系统需要在充灌定量制冷剂后，进行系统的试运转。 （2）多联式空调（热泵）机组系统要能够正常输出冷风或热风，在常温条件下可进行冷热的切换与调控。 （3）多联式空调（热泵）机组系统室外机的试运转需要符合有关规定。 （4）多联式空调（热泵）机组系统室内机的试运转不得有异常振动与声响，百叶板动作要正常，不得有渗漏水现象，运行噪声需要符合设备技术文件等要求。 （5）多联式空调（热泵）机组系统具有可同时供冷、供热系统，要在满足当季工况运行条件下，实现局部内机反向工况的运行
电动调节阀、电动防火阀、防排烟风阀（口）试运转与调试	电动调节阀、电动防火阀、防排烟风阀（口）的手动、电动操作需要灵活可靠，信号输出要正确
变风量末端装置单机试运转与调试	（1）控制单元单体供电测试过程中，信号与反馈需要正确，不得有故障显示。 （2）启动送风系统，按控制模式进行模拟测试，装置的一次风阀动作需要灵敏可靠。 （3）带风机的变风量末端装置，风机要能根据信号要求运转，叶轮旋转方向要正确，运转要平稳，不得有异常振动与声响。 （4）带再热的末端装置需要能根据室内温度实现自动开启与关闭

5.2 风管

5.2.1 风管的选用

风管是指采用金属、非金属薄板或其他材料制作而成，用于空气流通的管道。空调系统的风管，其实也是一种通风管道，即风道。中央空调风管安装成型效果如图 5-23 所示。

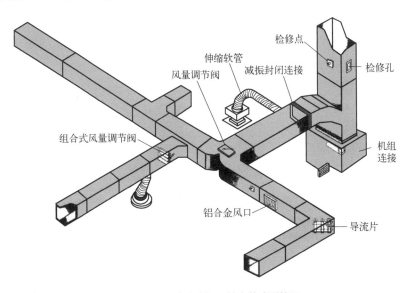

图 5-23 中央空调风管安装成型效果

非金属风管是采用硬聚氯乙烯、玻璃钢等非金属材料制成的一种风管。

复合材料风管是采用不燃材料面层，复合难燃级及以上绝热材料制成的一种风管。

防火风管是采用不燃和耐火绝热材料组合制成，能够满足一定耐火极限时间要求的一种风管。

净化空调系统风管的材质需要符合的要求如图 5-24 所示。

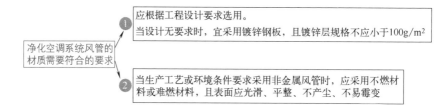

图 5-24　净化空调系统风管的材质需要符合的要求

根据工作压力，风管系统可以划分为微压、低压、中压、高压等类别，并且需要采用相应类别的风管，如图 5-25 所示。

类别	风管系统工作压力 P/Pa		密封要求
	管内正压	管内负压	
微压	$P{\leq}125$	$P{\geq}-125$	接缝及接管连接处应严密
低压	$125{<}P{\leq}500$	$-500{\leq}P{<}-125$	接缝及接管连接处应严密，密封面宜设在风管的正压侧
中压	$500{<}P{\leq}1500$	$-1000{\leq}P{<}-500$	接缝及接管连接处应加设密封措施
高压	$1500{<}P{\leq}2500$	$-2000{\leq}P{<}-1000$	所有的拼接缝及接管连接处均应采取密封措施

风管类别

图 5-25　风管类别

风管的一些参数含义如下：

（1）风管系统工作压力，就是系统总风管处最大的设计工作压力。

（2）风管系统漏风量，就是风管系统中，在某一静压下通过风管本体结构与其接口，单位时间内泄出或渗入的空气体积量。

（3）系统风管允许漏风量，就是按风管系统类别所规定的平均单位表面积、单位时间内最大允许漏风量。

（4）漏风率，就是风管系统、空调设备、除尘器等，在工作压力下空气渗入或泄漏量与其额定风量的百分比。

常用的风管板材的密度、厚度如表 5-8 所示。

表 5-8　常用的风管板材的密度、厚度

风管类别	板材密度 /（kg/m³）	板材厚度 /mm
钢板风管	7850	0.5、0.6、0.75、1.0、1.2、1.5、2.0
不锈钢板风管	7900	0.5、0.75、1.0、1.2
铝板风管	2740	1.0、1.5、2.0
无机玻璃钢风管	≥ 1700	3、4、5、6、7、8
硬聚氯乙烯风管	1300 ～ 1600	3、4、5、6、8、10
聚氨酯复合板风管（自带保温层）	≥ 45	≥ 20

续表

风管类别	板材密度 / (kg/m³)	板材厚度 /mm
酚醛复合板风管（自带保温层）	≥ 60	≥ 20
玻璃纤维板复合材料风管（自带保温层）	≥ 70	≥ 25

注:（1）板材厚度与风管尺寸有关，表中数据为不同风管规格要求的最小厚度值。
（2）图集荷载计算时，非金属与复合风管的材料密度均按表中最小值。
（3）不锈钢板风管支吊架材料参照钢板风管支吊架材料表选用。

 一点通

镀锌钢板及含有各类复合保护层的钢板，应采用咬口连接或铆接，不得采用焊接连接。风管的密封应以板材连接的密封为主，也可以采用密封胶嵌缝与其他方法。密封胶的性能需要符合使用环境的要求，并且密封面宜设在风管的正压侧。

5.2.2 风管的规格

金属风管如图 5-26 所示，其规格一般以外径或外边长为准。非金属风管和风道规格一般以内径或内边长为准。圆形风管应优先采用基本系列，非规则椭圆形风管一般参照矩形风管，并且以平面边长、短径径长为准。

圆形风管规格宜符合的规定如图 5-27 所示。矩形风管规格宜符合的规定如图 5-28 所示。

金属风管规格一般以外径或外边长为准

图 5-26 金属风管

风管直径D/mm			
基本系列	辅助系列	基本系列	辅助系列
100	80	500	480
	90	560	530
120	110	630	600
140	130	700	670
160	150	800	750
180	170	900	850
200	190	1000	950
220	210	1120	1060
250	240	1250	1180
280	260	1400	1320
320	300	1600	1500
360	340	1800	1700
400	380	2000	1900
450	420	—	—

圆形风管规格 →

图 5-27 圆形风管规格宜符合的规定

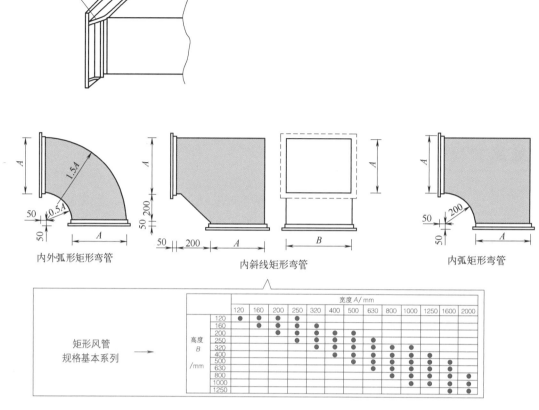

图 5-28 矩形风管规格宜符合的规定

矩形风管外加固形式如图 5-29 所示，矩形风管外加固参数选用可参考表 5-9、表 5-10。

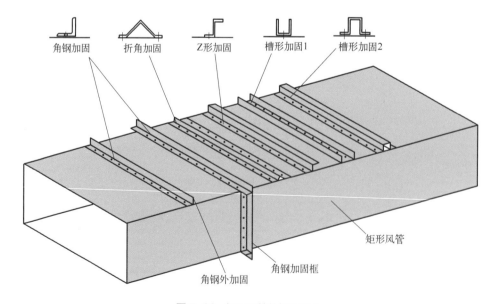

图 5-29 矩形风管外加固形式

表 5-9　低压系统矩形风管外加固参数选用表

风管长边 b/mm	上行：风管管长 L/mm（下行：横向条数 × 纵向条数）					
800	1500 < L ≤ 2000					
	1 × 0					
800 < b ≤ 1000	1200 < L ≤ 2000					
	1 × 0					
1000 < b ≤ 1250	960 < L ≤ 1250	1250 < L ≤ 2000				
	0 × 1	1 × 0				
1250 < b ≤ 1600	750 < L ≤ 1500	1500 < L ≤ 2000				
	0 × 1	2 × 0				
1600 < b ≤ 2000	600 < L ≤ 1200	1200 < L ≤ 1800	1800 < L ≤ 2000			
	0 × 1	0 × 2	1 × 1			
2000 < b ≤ 2500	480 < L ≤ 960	960 < L ≤ 1440	1440 < L ≤ 2000			
	0 × 1	0 × 2	0 × 3 1 × 1（*）			
2500 < b ≤ 3000	400 < L ≤ 800	800 < L ≤ 1200	1200 < L ≤ 1600	1600 < L ≤ 2000		
	0 × 1	0 × 2	0 × 3 1 × 1（*）	0 × 4 1 × 2（*）		
3000 < b ≤ 3500	340 < L ≤ 680	680 < L ≤ 1000	1000 < L ≤ 1350	1350 < L ≤ 2000		
	0 × 1	0 × 2	0 × 3	1 × 2		
3500 < b ≤ 4000	300 < L ≤ 600	600 < L ≤ 900	900 < L ≤ 1200	1200 < L ≤ 1500	1500 < L ≤ 1800	1800 < L ≤ 2000
	0 × 1	0 × 2	0 × 3	0 × 4	1 × 2	1 × 3

注：（1）当 L ≥ b，宜采用横向加固；当 L ≤ b，宜采用纵向加固。

（2）短边 a 其所在面的加固参数参照表中相应边长的加固参数选取。

（3）* 表示推荐优先采用方式。

表 5-10　中、高压系统矩形风管外加固参数选用表

风管长边 b/mm	上行：风管管长 L/mm [下行：横向条（框）数 × 纵向条数]					
630	1600<L≤2000 框 1×0					
630<b≤800	1250<L≤2000 框 1×0					
800<b≤1000	1000<L≤1250 1×0	1250<L≤2000 框 1×0				
1000<b≤1250	800<L≤1250 0×1	1250<L≤1600 框 1×0	1600<L≤2000 框 2×0 框 1×1			
1250<b≤1600	625<L≤1250 0×1	1250<L≤2000 框 1×1				
1600<b≤2000	500<L≤1000 0×1	1000<L≤1250 0×2	1250<L≤2000 框 1×1			
2000<b≤2500	400<L≤800 0×1	800<L≤1200 0×2	1200<L≤1600 框 1×1	1600<L≤2000 框 1×2		
2500<b≤3000	330<L≤660 0×1	660<L≤1000 0×2	1000<L≤1250 0×3	1250<L≤2000 框 1×2		
3000<b≤3500	286<L≤571 0×1	571<L≤857 0×2	857<L≤1250 0×3	1250<L≤1700 框 1×2	1700<L≤2000 框 1×3	
3500<b≤4000	250<L≤500 0×1	500<L≤750 0×2	750<L≤1000 0×3	1000<L≤1250 0×4	1250<L≤1500 框 1×2	1500<L≤2000 框 1×3

注：（1）当 $L>1250$ mm 时应设外加固框，应采用横向加固框或横向加固框结合纵向加固方式。

（2）短边 a 所在面的加固参数参照表中相应边长的加固参数选取。

矩形风管的加工制作中，当风管的周长小于板宽时，可以用整张钢板宽度折边成型，可设一个角咬口；板宽小于周长，大于周长的一半时，可以设两个角咬口；周长很大时，可以在风管的四个边角设四个角咬口，如图 5-30 所示。

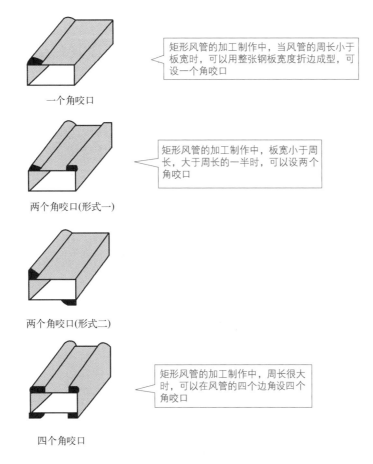

图 5-30 矩形风管咬口

5.2.3 风管加工质量要求

风管加工质量需要通过工艺性的检测或验证，其强度、严密性需要符合的规定如图 5-31 所示。

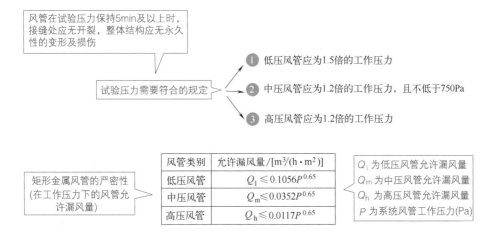

风管类别	允许漏风量 /[m³/(h·m²)]
低压风管	$Q_l \leq 0.1056P^{0.65}$
中压风管	$Q_m \leq 0.0352P^{0.65}$
高压风管	$Q_h \leq 0.0117P^{0.65}$

图 5-31 风管加工强度、严密性的要求

低压、中压圆形金属与复合材料风管，以及采用非法兰形式的非金属风管的允许漏风量，应为矩形金属风管规定值的 50%。

砖、混凝土风道的允许漏风量不应大于矩形金属低压风管规定值的 1.5 倍。

排烟、除尘、低温送风、变风量空调系统风管的严密性需要符合中压风管的规定。N1 ～ N5 级净化空调系统风管的严密性需要符合高压风管的规定。

风管系统工作压力绝对值不大于 125Pa 的微压风管，在外观和制造工艺检验合格的基础上，不应进行漏风量的验证测试。

防火风管的本体、框架、固定材料、密封垫料等必须采用不燃材料，防火风管的耐火极限时间需要符合系统防火设计的要求。

5.2.4 金属风管的制作要求

金属风管的材料品种、规格、性能、厚度需要符合设计等有关要求。当风管厚度设计无要求时，则需要根据现行标准规范等来执行。

镀锌钢板的镀锌层厚度需要符合设计或合同等有关的规定。如果设计无规定时，不得采用低于 80g/m^2 的板材。

钢板风管板材厚度要求如图 5-32 所示，不锈钢板风管与铝板风管板材厚度要求如图 5-33 所示。

风管直径或长管边尺寸 b/mm	板材厚度/mm				
	微压、低压系统风管	中压系统风管		高压系统风管	除尘系统风管
		圆形	矩形		
$b \leqslant 320$	0.5	0.5	0.5	0.75	2.0
$320 < b \leqslant 450$	0.5	0.6	0.6	0.75	2.0
$450 < b \leqslant 630$	0.6	0.75	0.75	1.0	3.0
$630 < b \leqslant 1000$	0.75	0.75	0.75	1.0	4.0
$1000 < b \leqslant 1500$	1.0	1.0	1.0	1.2	5.0
$1500 < b \leqslant 2000$	1.0	1.2	1.2	1.5	按设计要求
$2000 < b \leqslant 4000$	1.2	按设计要求	1.2	按设计要求	按设计要求

注：(1)螺旋风管的钢板厚度可按圆形风管减少10%～15%。
(2)排烟系统风管钢板厚度可按高压系统计算。
(3)不适用于地下人防与防火隔墙的预埋管。

钢板风管板材厚度要求

图 5-32 钢板风管板材厚度要求

风管板材拼接的接缝需要错开，不得有十字形拼接缝。

微压、低压、中压系统风管法兰的螺栓与铆钉孔的孔距不得大于 150mm，高压系统风管不得大于 100mm。矩形风管法兰的四角部位需要设有螺孔。金属圆形风管法兰与螺栓规格需要符合的要求如图 5-34 所示。

风管直径或长边尺寸 b/mm	不锈钢板风管板材厚度/mm	
	微压、低压、中压	高压
$b \leq 450$	0.5	0.75
$450 < b \leq 1120$	0.75	1.0
$1120 < b \leq 2000$	1.0	1.2
$2000 < b \leq 4000$	1.2	按设计要求

不锈钢板风管板材厚度要求

风管直径或长边尺寸 b/mm	微压、低压、中压铝板风管板材厚度/mm
$b \leq 320$	1.0
$320 < b \leq 630$	1.5
$630 < b \leq 2000$	2.0
$2000 < b \leq 4000$	按设计要求

铝板风管板材厚度要求

图 5-33　不锈钢板风管与铝板风管板材厚度要求

风管直径D/mm	法兰材料规格/mm		螺栓规格
	扁钢	角钢	
$D \leq 140$	20×4	—	M6
$140 < D \leq 280$	25×4	—	
$280 < D \leq 630$	—	25×3	
$630 < D \leq 1250$	—	30×4	M8
$1250 < D \leq 2000$	—	40×4	

金属圆形风管法兰及螺栓规格需要符合的要求

图 5-34　金属圆形风管法兰及螺栓规格需要符合的要求

金属矩形风管法兰及螺栓规格需要符合的要求如图 5-35 所示。

风管长边尺寸b/mm	法兰角钢规格/mm	螺栓规格
$b \leq 630$	25×3	M6
$630 < b \leq 1500$	30×3	M8
$1500 < b \leq 2500$	40×4	
$2500 < b \leq 4000$	50×5	M10

金属矩形风管法兰及螺栓规格需要符合的要求

图 5-35　金属矩形风管法兰及螺栓规格需要符合的要求

用于中压及以下压力系统风管的薄钢板法兰矩形风管的法兰高度，需要大于或等于相同金属法兰风管的法兰高度。薄钢板法兰矩形风管不得用于高压风管。

金属风管的加固要求如图 5-36 所示。

金属风管与配件的咬口缝需要紧密、宽度要一致、折角要平直、圆弧要均匀，并且两端面要平行。风管不得有明显的扭曲与翘角，表面要平整，凹凸不应大于 10mm。

当金属风管的外径或外边长小于或者等于 300mm 时，其允许偏差不应大于 2mm。当金属风管的外径或外边长大于 300mm 时，其允许偏差不应大于 3mm。管口平面度的允许偏差不应大于 2mm。矩形风管两条对角线长度差不应大于 3mm，圆形法兰任意两直径差不应大于 3mm。

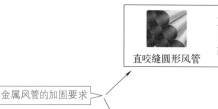

直咬缝圆形风管

直咬缝圆形风管直径大于或等于800mm，且管段长度大于1250mm或总表面积大于4m²时，均应采取加固措施。用于高压系统的螺旋风管，直径大于2000mm时应采取加固措施

金属风管的加固要求

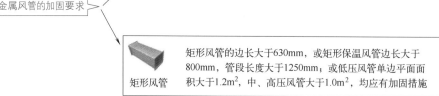

矩形风管

矩形风管的边长大于630mm，或矩形保温风管边长大于800mm，管段长度大于1250mm；或低压风管单边平面面积大于1.2m²，中、高压风管大于1.0m²，均应有加固措施

图5-36　金属风管的加固要求

焊接金属风管的焊缝要饱满、平整，不得有凸瘤、穿透的夹渣、穿透的气孔、裂缝等缺陷。金属风管目测要平整，不得有凹凸大于10mm的变形。

金属风管法兰的焊缝要熔合良好、饱满，无假焊、孔洞。法兰外径或外边长及平面度的允许偏差不应大于2mm。

金属风管与法兰采用铆接连接时，铆接要牢固，不应有脱铆、漏铆等现象。翻边需要平整、紧贴法兰，宽度需要一致，并且不应小于6mm。咬缝及矩形风管的四角位置，不得出现开裂、孔洞等异常现象。

金属风管与法兰采用焊接连接时，焊缝需要低于法兰的端面。除尘系统风管宜采用内侧满焊，外侧间断焊的形式。当金属风管与法兰采用点焊固定连接时，焊点需要融合良好，间距不应大于100mm。法兰与金属风管需要紧贴，不应有穿透的缝隙与孔洞。

金属圆形风管无法兰连接形式的相关要求如图5-37所示。

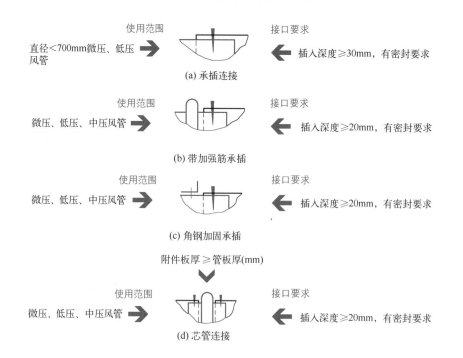

附件板厚≥管板厚(mm)

使用范围

微压、低压、中压风管 ➡

接口要求

⬅ 扳边与楞筋匹配一致，紧固严密

(e) 立筋抱箍连接

附件板厚≥管板厚(mm)

使用范围

直径＜700mm微压、低压风管 ➡

接口要求

⬅ 对口尽量靠近不重叠，抱箍应居中，宽度≥100mm

(f) 抱箍连接

附件板厚≥管板厚(mm)

使用范围

大口径螺旋风管 ➡

固定耳
(焊接)   铆钉
风管
橡胶
密封圈   V形密
封槽
φ5实心   110   口宽
7mm

接口要求

⬅ 橡胶密封垫固定应牢固

(g) 内胀芯管连接

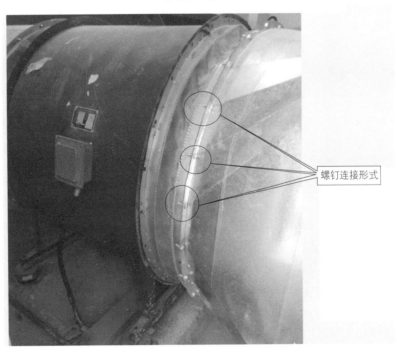

螺钉连接形式

(h) 螺钉连接现场图

图 5-37 金属圆形风管无法兰连接形式的相关要求

金属矩形风管无法兰连接形式的相关要求如图 5-38 所示。

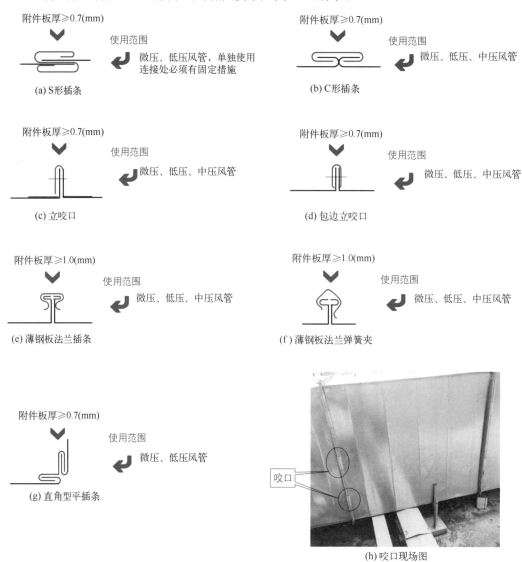

图 5-38　金属矩形风管无法兰连接形式的相关要求

　　矩形薄钢板法兰风管的接口及附件的尺寸要准确，形状要规则，接口要严密。风管薄钢板法兰的折边要平直，弯曲度不应大于 0.5%。弹性插条或弹簧夹需要与薄钢板法兰折边宽度相匹配，弹簧夹的厚度需要大于或等于 1mm，并且不得低于风管本体厚度。角件与风管薄钢板法兰四角接口的固定需要稳固紧贴，端面需要平整，相连位置的连续通缝不得大于 2mm。角件的厚度不得小于 1mm 及风管本体厚度。

　　矩形风管采用 C 形、S 形插条连接时，风管长边尺寸不应大于 630mm。插条与风管翻边的宽度需要匹配一致，允许偏差不应大于 2mm。连接需要平整严密，四角端部固定折边长度不应小于 20mm。

　　矩形风管采用立咬口、包边立咬口连接时，立筋的高度需要大于或等于同规格风管的角钢法兰高度。同一规格风管的立咬口、包边立咬口的高度要一致，折角要倾角有棱线、弯曲度允许偏差为 0.5%。咬口连接铆钉的间距不应大于 150mm，间隔要均匀。立咬口四角连接处补角连接件的铆固要紧密，接缝要平整，并且不得有孔洞。

圆形风管芯管连接要求如图 5-39 所示。圆形弯管的弯曲角度，圆形三通、四通支管与总管夹角的制作偏差不得大于 3°。圆形弯管的曲率半径、分节数要求如图 5-40 所示。

风管直径 D/mm	芯管长度 l/mm	自攻螺丝或抽芯铆钉数量/个	直径允许偏差/mm	
			圆管	芯管
120	120	3×2	−1～0	−3～−4
300	160	4×2		
400	200	4×2	−2～0	−4～−5
700	200	6×2		
900	200	8×2		
1000	200	8×2		
1120	200	10×2		
1250	200	10×2		
1400	200	12×2		

圆形风管芯管连接要求

注：大口径圆形风管宜采用内胀式芯管连接。

图 5-39　圆形风管芯管连接要求

弯管直径 D/mm	曲率半径 R	弯管角度和最少节数							
		90°		60°		45°		30°	
		中节	端节	中节	端节	中节	端节	中节	端节
80～220	≥1.5D	2	2	1	2	1	2	—	2
240～450	1.0D～1.5D	3	2	2	2	1	2	—	2
480～800	1.0D～1.5D	4	2	2	2	1	2	1	2
850～1400	1.0D	5	2	3	2	2	2	1	2
1500～2000	1.0D	8	2	5	2	3	2	2	2

圆形弯管的曲率半径和分节数要求

图 5-40　圆形弯管的曲率半径、分节数要求

金属风管加固可以采用角钢加固、立咬口加固、楞筋加固、扁钢内支撑、钢管内支撑、螺杆内支撑等形式，如图 5-41 所示。

各类金属风管加固形式的适用范围与法兰及螺栓规格如表 5-11 ～表 5-13 所示。

表 5-11　各类金属风管加固形式的适用范围

加固形式			适用范围（a、b、L 分别为风管短边、长边、管段长度，单位为 mm）
外加固	角钢加固	角钢外加固	$b \leqslant 4000$ 的低压风管；$b \leqslant 4000$ 且 $L \leqslant 1250$ 的中、高压风管
		角钢加固框	$b \leqslant 4000$ 且 $L > 1250$ 的中、高压风管
	折角加固		$b \leqslant 1600$ 的低、中压风管
	Z 形加固		$b \leqslant 2000$ 的低、中压风管
	槽形加固 1		$b \leqslant 1600$ 的低、中压风管
	槽形加固 2		$b \leqslant 2000$ 的低、中压风管

续表

加固形式		适用范围（a、b、L 分别为风管短边、长边、管段长度，单位为 mm）
管内支撑加固	螺杆内支撑	$b \leqslant 3000$ 的低压风管；$b \leqslant 3000$ 且 $L \leqslant 1250$ 的中、高压风管（$a > 630mm$ 时宜采用外加固形式）
	套管内支撑	
	扁钢内支撑	

注：（1）当中、高压风管 $L > 1250mm$ 时，必须采用角钢加固框加固。

（2）洁净风管不应采用管内加固措施或压筋加固，应采用外加固措施。风管内部的加固点或法兰铆接点周围应采用密封胶进行密封。

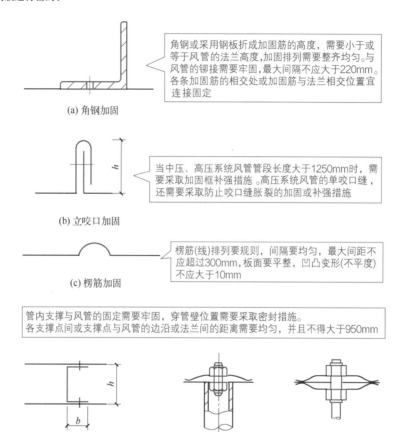

(a) 角钢加固

角钢或采用钢板折成加固筋的高度，需要小于或等于风管的法兰高度，加固排列需要整齐均匀。与风管的铆接需要牢固，最大间隔不应大于220mm。各条加固筋的相交处或加固筋与法兰相交位置宜连接固定

(b) 立咬口加固

当中压、高压系统风管管段长度大于1250mm时，需要采取加固框补强措施。高压系统风管的单咬口缝，还需要采取防止咬口缝胀裂的加固或补强措施

(c) 楞筋加固

楞筋(线)排列要规则，间隔要均匀，最大间距不应超过300mm，板面要平整，凹凸变形(不平度)不应大于10mm

管内支撑与风管的固定需要牢固，穿管壁位置需要采取密封措施。各支撑点间或支撑点与风管的边沿或法兰间的距离需要均匀，并且不得大于950mm

(d) 扁钢内支撑　　(e) 钢管内支撑　　(f) 螺杆内支撑

图 5-41　金属风管加固形式

表 5-12　金属矩形风管法兰及螺栓规格

风管长边 b/mm	法兰角钢规格 /mm	螺栓规格
$b \leqslant 630$	L 25 × 3	M6
$630 < b \leqslant 1500$	L 30 × 3	M8
$1500 < b \leqslant 2500$	L 40 × 4	
$2500 < b \leqslant 4000$	L 50 × 5	M10

表 5-13　金属圆形风管法兰及螺栓规格

风管直径 D/mm	法兰角钢规格 /mm	螺栓规格
$630 < D \leqslant 1250$	L 30 × 4	M8
$1250 < D \leqslant 2000$	L 40 × 4	

5.2.5 非金属风管的制作要求

非金属风管的材料品种、规格、性能、厚度等需要符合设计要求。当设计无厚度规定时，则需要根据现行标准规范等来执行。

硬聚氯乙烯风管是一种非金属风管。硬聚氯乙烯风管法兰螺孔的间距不得大于120mm。矩形风管法兰的四角位置需要设有螺孔。当风管的直径或边长大于500mm时，风管与法兰的连接处需要设加强板，并且间距不得大于450 mm。

硬聚氯乙烯风管的制作要求如图 5-42 所示。

硬聚氯乙烯圆形风管板材厚度要求

风管直径 D/mm	板材厚度/mm	
	微压、低压	中压
D≤320	3.0	4.0
320<D≤800	4.0	6.0
800<D≤1200	5.0	8.0
1200<D≤2000	6.0	10.0
D>2000	按设计要求	

硬聚氯乙烯矩形风管板材厚度要求

风管长边尺寸 b/mm	板材厚度/mm	
	微压、低压	中压
b≤320	3.0	4.0
320<b≤500	4.0	5.0
500<b≤800	5.0	6.0
800<b≤1250	6.0	8.0
1250<b≤2000	8.0	10.0

硬聚氯乙烯圆形风管法兰规格要求

风管直径 D/mm	材料规格(宽×厚)/mm	连接螺栓规格
D≤180	35×6	M6
180<D≤400	35×8	M8
400<D≤500	35×10	M8
500<D≤800	40×10	
800<D≤1400	40×12	M10
1400<D≤1600	50×15	M10
1600<D≤2000	60×15	
D>2000	按设计要求	

硬聚氯乙烯矩形风管法兰规格要求

风管边长 b/mm	材料规格(宽×厚)/mm	连接螺栓规格
b≤160	35×6	M6
160<b≤400	35×8	M8
400<b≤500	35×10	M8
500<b≤800	40×10	
800<b≤1250	45×12	M10
1250<b≤1600	50×15	M10
1600<b≤2000	60×18	
b>2000	按设计要求	

硬聚氯乙烯风管的制作要求

- 风管两端面要平行，不得有扭曲现象，外径或外边长的允许偏差不得大于2mm
- 风管表面要平整，圆弧要均匀，凹凸不得大于5mm
- 风管焊缝要饱满，排列要整齐，不得有焦黄断裂等异常现象
- 矩形风管的四角可以采用煨角或焊接连接。当采用煨角连接时，纵向焊缝距煨角位置宜大于80mm

图 5-42　硬聚氯乙烯风管的制作要求

硬聚氯乙烯风管焊缝形式与适用范围如表 5-14 所示。

表 5-14　硬聚氯乙烯风管焊缝形式与适用范围

焊缝形式	图示	焊缝高度/mm	板材厚度/mm	坡口角度 α/(°)	适用范围
V 形对接焊缝	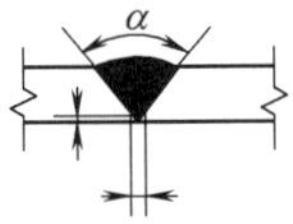	2～3	3～5	70～90	单面焊的风管
X 形对接焊缝	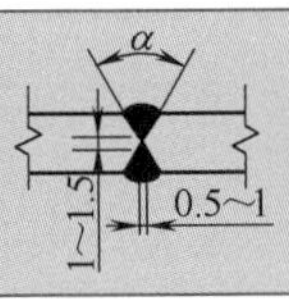	2～3	≥5	70～90	风管法兰及厚板的拼接
搭接焊缝	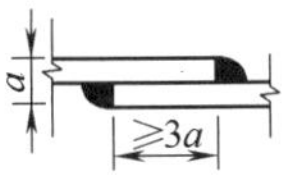	≥最小板厚	3～10	—	风管或配件的加固
角焊缝（无坡口）	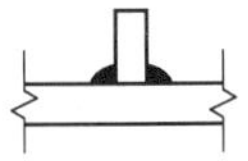	2～3	6～18	—	

焊缝形式	图示	焊缝高度/mm	板材厚度/mm	坡口角度α/(°)	适用范围
角焊缝（无坡口）		≥最小板厚	≥3	—	风管配件的角焊
V形单面角焊缝	1～1.5　α	2～3	3～8	70～90	风管角部焊接
V形双面角焊缝	3～5　α	2～3	6～15	70～90	厚壁风管角部焊接

5.2.6　玻璃钢风管的制作要求

有机玻璃钢风管的制作要求如下：玻璃钢风管法兰螺栓孔的间距不得大于120mm。矩形风管法兰的四角处需要设有螺孔。当采用套管连接时，则套管厚度不得小于风管板材厚度。玻璃钢风管的加固，需要为本体材料或防腐性能相同的材料，并且加固件应与风管成为整体。

玻璃钢风管表面要光洁，目测不得有泛霸与分层等异常现象。玻璃钢风管有关要求如图5-43所示。

微压、低压、中压有机玻璃钢风管板材厚度要求

圆形风管直径D或矩形风管长边尺寸b	壁厚
D(b)≤200	2.5
200<D(b)≤400	3.2
400<D(b)≤630	4.0
630<D(b)≤1000	4.8
1000<D(b)≤2000	6.2

微压、低压、中压无机玻璃钢风管板材厚度要求

圆形风管直径D或矩形风管长边尺寸b	壁厚
D(b)≤300	2.5～3.5
300<D(b)≤500	3.5～4.5
500<D(b)≤100	4.5～5.5
1000<D(b)≤1500	5.5～6.5
1500<D(b)≤2000	6.5～7.5
D(b)>2000	7.5～8.5

微压、低压、中压系统无机玻璃钢风管玻璃纤维布厚度与层数要求

圆形风管直径D或矩形风管长边b	风管管体玻璃纤维布厚度		风管法兰玻璃纤维布厚度	
	0.3	0.4	0.3	0.4
	玻璃布层数			
D(b)≤300	5	4	8	7
300<D(b)≤500	7	5	10	8
500<D(b)≤1000	8	6	13	9
1000<D(b)≤1500	9	7	14	10
1500<D(b)≤2000	12	8	16	14
D(b)>2000	14	9	20	16

风管直径D或风管边长b	材料规格(宽×厚)	连接螺栓规格
D(b)≤400	30×4	M8
400<D(b)≤1000	40×6	
1000<D(b)≤2000	50×8	M10

玻璃钢风管法兰规格要求

直径D或大边长b	矩形风管表面不平度	矩形风管管口对角线之差	法兰平面的不平度	圆形风管两直径之差
D(b)≤300	≤3	≤3	≤2	≤3
300<D(b)≤500	≤3	≤4	≤2	≤3
500<D(b)≤1000	≤4	≤5	≤2	≤4
1000<D(b)≤1500	≤4	≤6	≤3	≤5
1500<D(b)≤2000	≤5	≤7	≤3	≤5

无机玻璃钢风管外形尺寸要求

图 5-43 玻璃钢风管有关要求（单位：mm）

铝箔玻璃纤维复合风管采用外套角钢法兰连接时，角钢法兰规格可为同尺寸金属风管的法兰规格或小一挡规格。槽形连接件需要采用厚度不小于1mm 的镀锌钢板。角钢外套法兰与槽形连接件的连接，需要采用不小于 M6 的镀锌螺栓，如图 5-44 所示，并且螺栓间距不应大于 120mm。法兰与板材间、螺栓孔的周边需要涂胶密封。

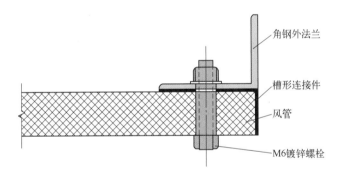

图 5-44 铝箔玻璃纤维复合风管角钢连接

玻璃纤维复合风管内支撑加固的要求如图 5-45 所示。

类别		系统工作压力/Pa		
		≤100	101～250	251～500
		内支撑横向加固点数		
风管边长b/mm	400<b≤500	—	—	1
	500<b≤600	—	1	1
	600<b≤800	1	1	1
	800<b≤1000	1	1	2
	1000<b≤1200	1	2	2
	1200<b≤1400	2	2	3
	1400<b≤1600	2	3	3
	1600<b≤1800	2	3	4
	1800<b≤2000	3	3	4
金属加固框纵向间距 /mm		≤600		≤400

玻璃纤维复合风管内支撑加固的要求

图 5-45 玻璃纤维复合风管内支撑加固的要求

机制玻璃纤维增强氯氧镁水泥复合板风管板材采用对接粘接时，在对接缝的两面需要分别粘贴 3 层及以上宽度不得小于 50mm 的玻璃纤维布增强。粘接剂需要与产品相匹配，并且不得散发有毒有害气体。机制玻璃纤维增强氯氧镁水泥复合板风管内加固用的镀锌支撑螺杆直径不应小于 10mm，并且穿管壁处需要进行密封。纵向间距不得大于 1250mm。当负压系统风管的内支撑高度大于 800mm 时，支撑杆需要采用镀锌钢管。机制玻璃纤维增强氯氧镁水泥复合板风管内支撑横向加固数量的要求如图 5-46 所示。

机制玻璃纤维增强氯氧镁水泥复合板风管内支撑横向加固数量的要求

风管长边尺寸 b/mm	系统设计工作压力 P/Pa			
	P≤500		500＜P≤1000	
	复合板厚度/mm		复合板厚度/mm	
	18～24	25～45	18～24	25～45
1250≤b＜1600	1	—	1	—
1600≤b＜2000	1	1	2	1

图 5-46　机制玻璃纤维增强氯氧镁水泥复合板风管内支撑横向加固数量的要求

5.2.7　复合材料风管的制作要求

复合材料风管的覆面材料必须采用不燃材料，内层的绝热材料需要采用不燃或难燃且对人体无害的材料。

复合风管的材料品种、规格、性能、厚度等需要符合设计要求。复合板材的内外覆面层粘贴需要牢固，表面平整无破损，内部绝热材料不得外露。制作复合材料风管与法兰的允许偏差如图 5-47 所示。

制作复合材料风管与法兰的允许偏差

风管长边尺寸 b 或直径 D /mm	允许偏差/mm				
	边长或直径偏差	矩形风管表面平面度	矩形风管端口对角线之差	法兰或端口平面度	圆形法兰任意正交两直径之差
b(D)≤320	±2	≤3	≤3	≤2	≤3
320＜b(D)≤2000	±3	≤5	≤4	≤4	≤5

图 5-47　制作复合材料风管与法兰的允许偏差

铝箔复合材料风管的连接、组合需要符合的要求如图 5-48 所示。双面铝箔复合绝热材料风管的折角要平直，两端面要平行。双面铝箔复合绝热板材的拼接需要平整，凹凸不大于 5mm，无明显变形、无起泡与铝箔破损。双面铝箔复合绝热板材料风管长边尺寸大于 1600mm 时，则板材拼接需要采用 H 形 PVC 或铝合金加固条。双面铝箔复合绝热板材料矩形弯管的圆弧面采用机械压弯成型制作时，轧压深度不宜超过 5mm。圆弧面成型后，需要对轧压处的铝箔划痕进行密封处理。聚氨酯铝箔复合材料风管或酚醛铝箔复合材料风管，内支撑加固的镀锌螺杆直径不应小于 8mm，穿管壁处需要进行密封处理。

聚氨酯（酚醛）铝箔复合材料风管内支撑加固的设置要求如图 5-49 所示。

图 5-48　铝箔复合材料风管的连接、组合需要符合的要求

铝箔复合材料风管的连接、组合需要符合的要求

1. 采用直接粘接连接的风管，边长不应大于500mm

2. 采用专用连接件连接的风管，金属专用连接件的厚度不应小于1.2mm，塑料专用连接件的厚度不应小于1.5mm

3. 当采用法兰连接时，法兰与风管板材的连接应可靠，绝热层不应外露，不得采用降低板材强度和绝热性能的连接方法。中压风管边长大于1500mm时，风管法兰应为金属材料

4. 风管内的转角连接缝应采取密封措施

5. 铝箔玻璃纤维复合风管采用压敏铝箔胶带连接时，胶带应粘接在铝箔面上，接缝两边的宽度均应大于20mm。不得采用铝箔胶带直接与玻璃纤维断面相粘接的方法

聚氨酯(酚醛)铝箔复合材料风管内支撑加固的设置要求

类别		≤300	301~500	501~750	751~1000
		系统工作压力/Pa			
		横向加固点数			
风管内边长b/mm	410<b≤600	—	—	—	1
	600<b≤800	—	1	1	1
	800<b≤1200	1	1	1	1
	1200<b≤1500	1	1	1	2
	1500<b≤2000	2	2	2	2
纵向加固间距/mm					
聚氨酯复合风管		≤1000	≤800	≤600	
酚醛复合风管		≤800		≤600	

图 5-49　聚氨酯（酚醛）铝箔复合材料风管内支撑加固的设置要求

5.2.8　净化空调系统风管的制作要求

净化空调系统风管的制作要求如图 5-50 所示。净化空调系统风管咬口缝位置所涂密封胶宜在正压侧。镀锌钢板风管的咬口缝、折边、铆接等处有损伤时，需要进行防腐处理。净化空调系统的静压箱本体、箱内高效过滤器的固定框架、其他固定件需要为镀锌、镀镍件或其他防腐件。

5.2.9　中央空调风管的制作与安装

中央空调金属风管的材料规格、品种、性能、厚度等，需要符合设计与现行标准的规定。钢板或镀锌钢板风管的厚度不应小于有关的规定，具体如表 5-15 所示。防火风管的本体、框架与固定材料、密封垫料必须为不燃材料，其耐火等级需要符合设计等有关的规定。复合材料风管的覆面材料必须为不燃材料，内部的绝热材料应为不燃或难燃 B1 级，并且对人体无害的材料。

① 风管内表面应平整、光滑，管内不得设有加固框或加固筋

② 风管所用的螺栓、螺母、垫圈和铆钉的材料应与管材性能相适应，不应产生电化学腐蚀

③ 空气洁净度等级为N1～N5级净化空调系统的风管，不得采用按扣式咬口连接

④ 风管不得有横向拼接缝；
矩形风管底边宽度小于或等于900mm时，底面不得有拼接缝；
矩形风管底边宽度大于900mm且小于或等于1800mm时，底面拼接缝不得多于1条；
矩形风管底边宽度大于1800mm且小于或等于2700mm时，底面拼接缝不得多于2条

净化空调系统
风管的制作要求

⑤ 当空气洁净度等级为N1～N5级时，风管法兰的螺栓及铆钉孔的间距不应大于80mm；
当空气洁净度等级为N6～N9级时，风管法兰的螺栓及铆钉孔的间距不应大于120mm。
不得采用抽芯铆钉

⑥ 矩形风管不得使用S形插条及直角形插条连接。
边长大于1000mm的净化空调系统风管，无相应的加固措施，不得使用薄钢板法兰弹簧夹连接

⑦ 风管制作完毕后，应清洗。清洗剂不应对人体、管材、产品等产生危害

图 5-50　净化空调系统风管的制作要求

表 5-15　钢板或镀锌钢板风管的厚度不应小于下列值

风管直径 D 或长边尺寸 b/mm	圆形风管/mm	矩形风管 /mm	
		中、低压系统	高压系统
$D(b) \leqslant 320$	0.5	0.5	0.75
$320 < D(b) \leqslant 450$	0.6	0.6	0.75
$450 < D(b) \leqslant 630$	0.75	0.6	0.75
$630 < D(b) \leqslant 1000$	0.75	0.75	1.0
$1000 < D(b) \leqslant 1250$	1.0	1.0	1.0

风管外径或外边长小于或等于 300mm 时，允许偏差为 2mm；大于 300mm 时，允许偏差为 3mm。圆形法兰任意正交两直径差不应大于 2mm。管口平面度的允许偏差为 2mm，矩形风管两条对角线长度之差不应大于 3mm。

中央空调金属风管板材拼接的咬口缝需要错开，不得有十字形拼接缝。金属圆形风管法兰及螺栓规格如表 5-16 所示。

中央空调金属矩形风管边长大于 630mm，保温风管边长大于 800mm，管段长度大于 1250mm 或低压风管单边平面积大于 1.2m²，中压、高压风管大于 1m²，均需要采取加固措施。金属矩形风管法兰及螺栓规格如表 5-17 所示。

表 5-16　金属圆形风管法兰及螺栓规格

风管直径 D/mm	法兰材料规格 /mm		螺栓规格
	扁钢	角钢	
$D \leqslant 140$	20 × 4	—	M6
$140 < D \leqslant 280$	25 × 4	—	
$280 < D \leqslant 630$	—	25 × 3	
$630 < D \leqslant 1250$	—	30 × 4	M8
$1250 < D \leqslant 2000$	—	40 × 4	

表 5-17   金属矩形风管法兰及螺栓规格

风管长边尺寸 b/mm	法兰材料规格（角钢）/mm	螺栓规格
$b \leqslant 630$	25 × 3	M6
630 < b ≤ 1500	30 × 3	M8
1500 < b ≤ 2500	40 × 4	M8
2500 < b ≤ 4000	50 × 5	M10

中压、低压系统风管法兰的螺栓及铆钉孔的孔距不得大于 150mm，高压系统风管不得大于 100mm。矩形风管法兰的四角部位应设有螺孔。

中央空调硬聚氯乙烯风管的直径或边长大于 500mm 时，其风管与法兰的连接位置需要设加强板，并且间距不得大于 450mm。

中央空调非金属风管法兰的规格需要符合规范规定，螺栓孔的间距不得大于 120mm。矩形风管法兰的四角部位需要设有螺孔。

 一点通

砖、混凝土建筑风道的伸缩缝，需要符合设计要求，不得有渗水、漏风等异常现象。砖、混凝土建筑风道内径或内边长的允许偏差不得大于 20mm。两对角线差不得大于 30 mm。内表面的水泥砂浆涂抹需要平整，并且不得有贯穿性的裂缝与孔洞。织物布风管在工程中使用时，需要符合卫生与消防的要求。

5.2.10   风管连接的要点

风管连接的要点如下。

（1）支架、吊架、托架应使用角钢，膨胀螺栓的位置应正确，安装应可靠牢固，埋入部分不得刷油漆，并且要除去油污。

（2）风管水平安装时，直径或长边尺寸小于等于 400mm，支架、吊架、托架间距不应大于 4m；直径或长边尺寸大于 400mm，支架、吊架、托架间距不应大于 3m。

（3）风管垂直安装时，支架、吊架、托架间距不应大于 4m。单根直管至少应有 2 个固定点。

（4）支架、吊架、托架不宜设在风口、阀门、检查门、自控机构处，离风口或插接管的距离不宜小于 200mm。

（5）吊架不得吊在法兰上。

（6）管道系统工程上所有金属附件（包括支架、吊架、托架）均要做防腐处理。

（7）风管的拼接纵缝需要错开，水平安装管底不得有纵向接缝。

（8）柔性短管的安装需要松紧适度，不得扭曲。

（9）法兰垫片的厚度宜为 3 ～ 5mm，垫片需要与法兰平，不得凸入管内。

（10）悬吊管需要在适当的位置设置以防止摆动的固定点。

（11）风管在网架下的安装做法如图 5-51 所示。

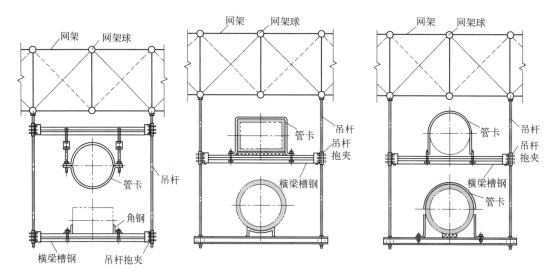

图 5-51 风管在网架下的安装做法

5.2.11 空调工程风管软连接的形式与适用范围

空调工程风管软连接的形式与适用范围如图 5-52 所示。

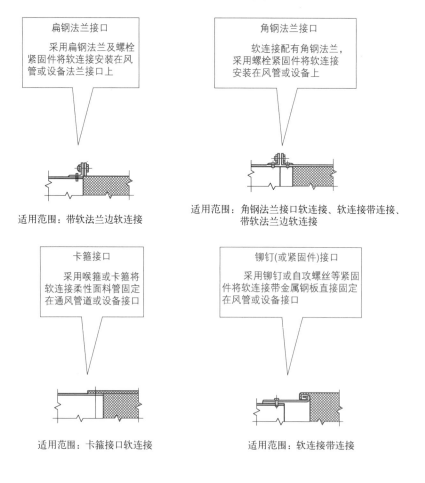

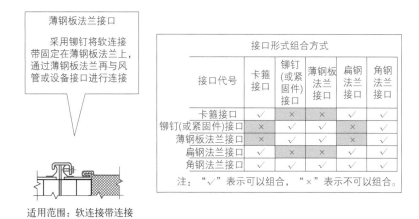

图 5-52　空调工程风管软连接的形式与适用范围

5.2.12　空调工程风管穿变形缝的软连接做法

空调工程风管穿变形缝的软连接做法如图 5-53 所示。

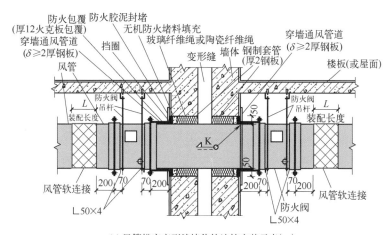

(a) 风管横穿变形缝墙体软连接安装示意(一)

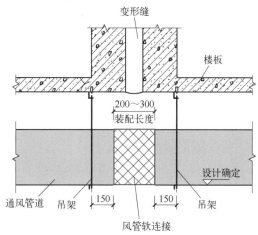

(b) 风管横穿变形缝墙体软连接安装示意(二)

图 5-53　空调工程风管穿变形缝的软连接做法（单位：mm）

5.2.13　风管配件、部件与其安装做法

　　风管配件是指风管系统中的弯管、三通、四通、异形管、导流叶片、法兰等构件。

　　风管部件是指风管系统中的各类风口、阀门、风罩、风帽、消声器、空气过滤器、检查门、测定孔等功能件。

　　风管部件的要求如下。

　　（1）风管部件的材料品种、规格、性能，需要符合设计等有关要求。

　　（2）外购风管部件成品的性能参数，需要符合设计、相关技术文件等有关的要求。

　　（3）外购风管部件需要具有产品合格质量证明文件、相应技术资料。

　　（4）风管部件的线性尺寸公差，需要符合现行标准等要求。

　　（5）风管部件活动机构的动作要灵活，制动和定位装置动作要可靠，法兰规格要与相连风管法兰相匹配。

　　风管法兰连接做法包括翻边、翻边铆接、翻边焊接等，如图 5-54 所示。

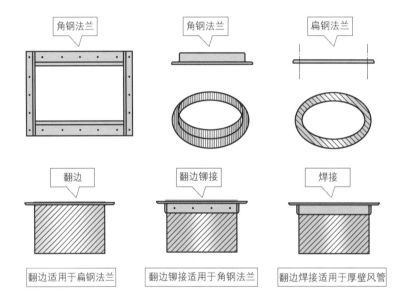

图 5-54　风管法兰连接做法

　　风管无法兰连接做法包括抱箍式连接、插接式连接，如图 5-55 所示。

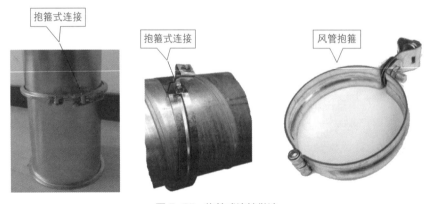

图 5-55　抱箍式连接做法

风管与风机、风口等一般采用帆布软接头连接，以减少系统振动。风管软管连接做法如图 5-56 所示。

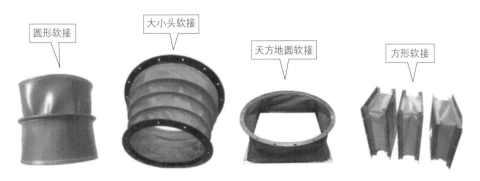

图 5-56　风管软管连接做法

通风机进风口增加向下弯头做法如图 5-57 所示。

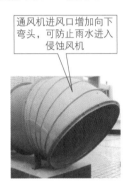

图 5-57　通风机进风口增加向下弯头做法

 一点通

风管部件安装要求

（1）风管调节装置需要安装在便于操作的部位，并且可靠灵活。

（2）风口安装与风管连接要牢固严密，边框与建筑物装饰贴实，外表面要平整，调节要灵活。

（3）风口水平安装时，水平度的偏差不应大于 3/1000。

（4）风口垂直安装时，垂直度的偏差不应大于 2/1000。

（5）同一房间内的相同风口的安装高度要一致，并且排列整齐。

5.2.14　风管与部件的铆接连接做法

铆接是指将两块要连接的板材扳边搭接，用铆钉穿连并铆合在一起的一种连接方法。铆接除用于板材间的连接外，还常用于风管、部件或配件与法兰间的连接。

铆钉与铆钉间的中心距一般为 40～100mm，严密性要求较高时，其间距还得小一些，即铆钉孔中心到板边保持（3～4）d 的距离，d 为铆钉直径。

风管与部件的铆接连接做法如图 5-58 所示。

机械铆接是空调工程中常用的铆接方法之一，其中手提式电动液压铆接钳是一种效果良好的铆接机械，如图 5-59 所示。

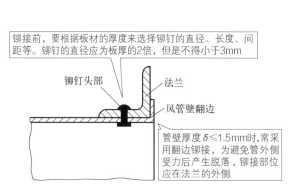

图 5-58　风管与部件的铆接连接做法

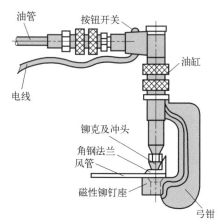

图 5-59　手提式电动液压铆接钳

5.2.15　风管系统的安装要求

风管系统的安装要求如下。

（1）风管安装的顺序一般是先干管后支管。安装时，可以在地面上连成一定的长度，再整体吊装，也可以用捯链或升降机将风管吊到支架上，或者把风管一节一节地放在支架上逐节连接。

（2）风管系统支架、吊架的安装要牢固可靠，埋件位置要正确，埋入部分需要去除油污，并且不得涂漆。

（3）直径大于 2000mm 或边长大于 2500mm 风管的支架、吊架的安装需要根据设计要求等执行。

（4）风管穿越需要封闭的防火防爆墙体或楼板时，需要设预埋管或防护套管，其钢板厚度不应小于 1.6mm，并且风管与防护套管间，需要采用不燃，并且对人体无危害的柔性材料封堵。

（5）风管安装的要求如图 5-60 所示。

（6）风管明装水平度的要求：每米偏差≤3mm，总偏差≤20mm。

风管安装的要求
- 风管内严禁其他管线穿越
- 输送含有易燃、易爆气体或安装在易燃、易爆环境的风管系统必须设置可靠的防静电接地装置
- 输送含有易燃、易爆气体的风管系统通过生活区或其他辅助生产房间时不得设置接口
- 室外风管系统的拉索等金属固定件严禁与避雷针或避雷网连接

图 5-60　风管安装的要求

（7）风管明装垂直度的要求：每米偏差≤2mm，总偏差≤20mm。

（8）风管暗装位置要正确，无明显偏差。

（9）净化空调系统风管与其部件的安装，需要在该区域的建筑地面工程施工完成，并且室内具有防尘措施的条件下进行。

（10）复合材料风管接缝要牢固，并且无孔洞、无开裂。

（11）风管系统安装后需要进行严密性检验，合格后方能交付下道工序。风管系统严密性检验以主管、干管为主。

扫码看视频

管道的保温做法

5.2.16　管道的保温做法

5.2.16.1　涂抹法

管道保温涂抹法，就是把散状保温材料与水调成胶泥等涂抹在管道上，如图 5-61 所示。

5.2.16.2　绑扎法

管道保温绑扎法，就是用镀锌铁丝把保温瓦块等绑扎在管道上，如图 5-62 所示。

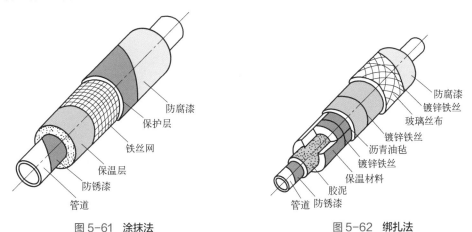

图 5-61　涂抹法　　　　图 5-62　绑扎法

5.2.16.3　粘贴法

管道保温粘贴法，就是用粘接剂把保温板等粘贴在风管等表面上，如图 5-63 所示。

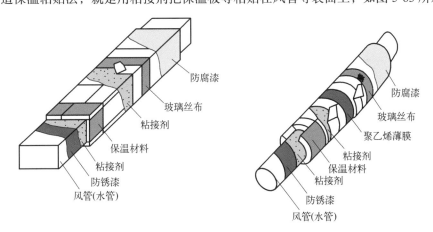

图 5-63　粘贴法

5.3　机组与内机

5.3.1　组合式空调机的安装

　　组合式空调机一般由各功能段装配组合而成，并且一般是现场组装，如图 5-64 所示。组合式空调机组模拟简图如图 5-65 所示。

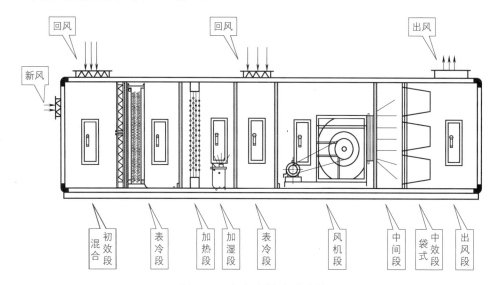

图 5-64　组合式空调机的安装

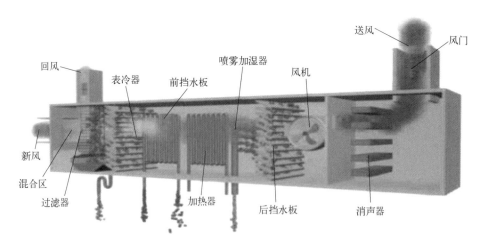

图 5-65　组合式空调机组模拟简图

　　组合式空调机安装要点如下。
　　（1）安装前，需要开箱验货、核对，并且检查风机、阀门等是否符合有关要求。
　　（2）将冷却段根据图纸定位，再安装两侧其他段。
　　（3）新风、回风混合段、二次回风段等有左右式区别，需要根据设计等要求来安装。
　　（4）各段组装完毕，需要进行配管。
　　（5）试运转，一般是连续运转 8h 无异常为合格。

5.3.2　组合式空调机组空气过滤器的作用与分类

根据材料，组合式空调机组空气过滤器分为金属网（粗）、泡沫塑料（粗、中）、玻璃纤维、化纤等类型。空气过滤器的作用如图 5-66 所示。根据功能，组合式空调机组空气过滤器分为粗效、中效等类型，如图 5-67 所示。

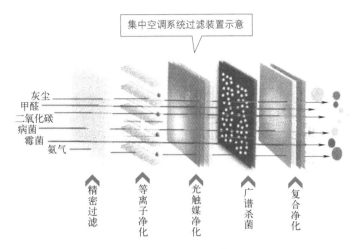

图 5-66　空气过滤器的作用图示

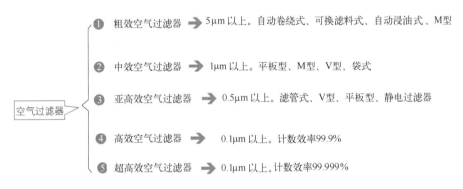

图 5-67　组合式空调机组空气过滤器的类型

5.3.3　空调处理机组出口连接方式做法

空调处理机组出口连接方式做法如图 5-68 所示。

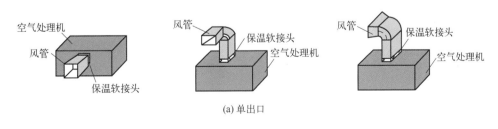

图 5-68

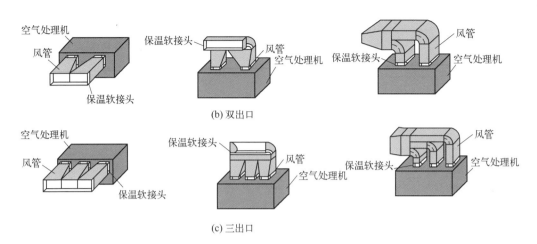

(b) 双出口

(c) 三出口

图 5-68　空调处理机组出口连接方式做法

5.3.4　空调机房的空调处理机组的施工做法

空调机房的空调处理机组，因设计不同，具体做法有所差异，但是其基本项目的施工差不多。某空调机房的空调处理机组施工做法如图 5-69 所示。

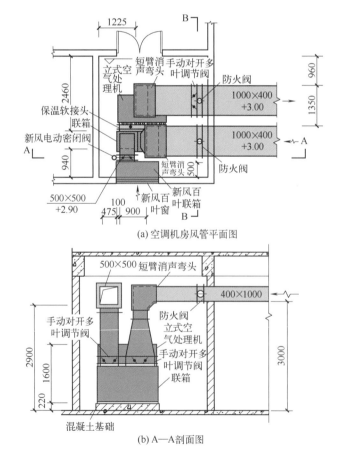

(a) 空调机房风管平面图

(b) A—A剖面图

图 5-69　某空调机房的空调处理机组施工做法（单位：mm）

某空调机房的空调处理机组的原理如图 5-70 所示。

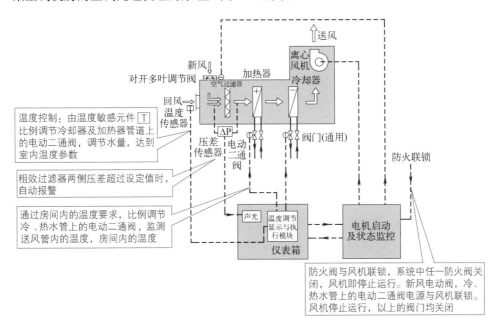

图 5-70 某空调机房的空调处理机组的原理示意

5.3.5 户式（别墅）机组安装做法

户式（别墅）机组安装做法如图 5-71 所示。

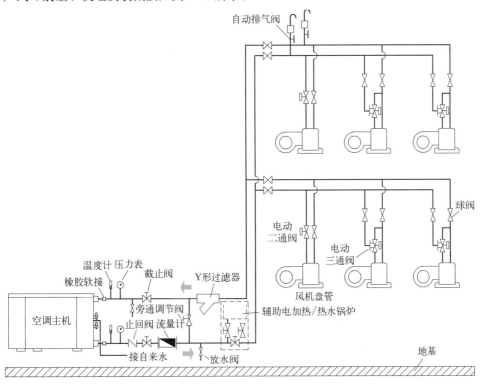

图 5-71 户式（别墅）机组安装做法示意

户式（别墅）机组进行水路连接时，首先旋下进水管、出水管堵头，再用要求规格的进水干管、出水干管分别连接到机组进水管、出水管连接口。

施工注意事项如下。

（1）施工时必须根据管道设计规范、标准、设计图等进行施工。

（2）根据设计图等给出的配管尺寸选取相应的管径。

（3）水系统中采用的电动二通阀、电动三通阀的数量可以参照技术规范。另外，水系统的最远端一般需要装配电动三通阀。

（4）应使室内风机盘管或主干管与机组进出水口压差尽量减小。

（5）机组进水管位置，需要安装水过滤器，以防造成机组内的换热器堵塞。

（6）水管最低点位置需要安装排水阀。

（7）机组进水管、出水管位置需要装设温度计、水压表，以便于检查。

（8）为了将水系统内的空气排干净，避免空气滞留在管道内，供回水管的最高位置必须设置自动排气阀。

（9）水系统配管完成后，需要根据空调工程有关规范采用 6kgf/cm² （1kgf/cm²=9.80665Pa）的水压进行试漏，并且保压 24h，确保整个管路系统无渗漏现象，再包保温层。

（10）水系统配管完成后，需要对系统进行排污，确保水管道内清洁，无锈渣等污垢物，以防堵塞管路、机组内的套管换热器、水泵，造成机组损坏。

（11）水管必须保温、防湿，以防止冷量损失、热量损失、凝结水形成。

5.3.6　室内机静压与分管长度要求

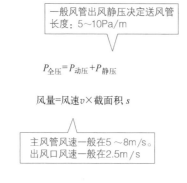

一般风管出风静压决定送风管长度：5～10Pa/m

$$P_{全压} = P_{动压} + P_{静压}$$

风量=风速v×截面积 s

主风管风速一般在5～8m/s。出风口风速一般在2.5m/s

图 5-72　室内机静压与分管长度要求

室内机静压与分管长度要求如图 5-72 所示。

注意事项如下：

（1）低静压风管机安装高度应低于 2.8m，以免冬天制热效果差。

（2）低静压风管机建议不接风管，送风模式采用侧送下回，不采用下送下回模式。

（3）室内机要接回风管，以确保房间空气能够循环起来。

（4）送风口、回风口建议连接帆布，并且帆布连接长度一般为 150～300mm。

（5）尽量少采用软风管，以确保送风、回风的充足和通畅。

（6）新风机、高静压风管机等大风量型室内机要确保足够大的回风口，以免使空调机内形成负压影响排水。

（7）薄型风管机需要做一个回风箱，以免影响制冷、制热效果。

5.3.7　室内机的安装做法

室内机的安装做法图例如图 5-73 所示。

扫码看视频

室内机的安装做法

室内机必须单独固定,不得与其他设备、管线共用支、吊架、不得扭弯歪斜

室内机安装步骤:确定安装位置 ➡ 划线标位 ➡ 打膨胀螺栓 ➡ 吊装室内机

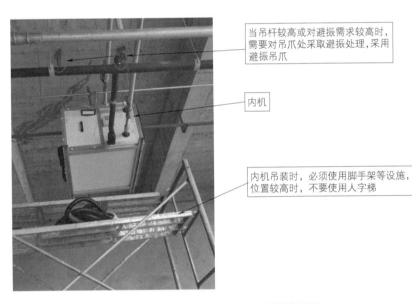

当吊杆较高或对避振需求较高时,需要对吊爪处采取避振处理,采用避振吊爪

内机

内机吊装时,必须使用脚手架等设施,位置较高时,不要使用人字梯

图 5-73　室内机的安装做法图例

5.4　空调用冷(热)源与辅助设备

5.4.1　冷却塔

冷却塔如图 5-74 所示,其可以有效吸收民用或工业建筑中排出的废热,并且循环使用,从而有效地利用水资源。

冷却塔的基本原理是利用水和空气的温度差,通过温水与冷空气的接触散热,以及利用水自身的蒸发散热。

不同的冷却塔,其形状、用途、空气接触方法及接触方向、送风方法、填料种类等有所差异。

图 5-74　冷却塔

5.4.2　空调用冷（热）源与辅助设备的安装要求

空调用冷（热）源与辅助设备的安装要求如下。

（1）空调用冷（热）源与辅助设备的混凝土基础需要进行质量交接验收，并且需要验收合格。

（2）空调用冷（热）源与辅助设备安装的位置、标高、管口方向需要符合设计等有关要求。采用地脚螺栓固定的制冷设备或附属设备，垫铁的放置位置要正确，接触要紧密，每组垫铁不应超过 3 块。螺栓要紧固，并且要采取防松动措施。

（3）燃油管道系统必须设置可靠的防静电接地装置。燃气系统管道与机组的连接不得使用非金属软管。

（4）当燃气供气管道压力大于 5kPa 时，爆缝无损检测需要根据设计要求执行。当设计无规定时，需要对全部焊缝进行无损检测并合格。燃气管道吹扫、压力试验的介质，需要采用空气或氮气，严禁采用水。

（5）组装式的制冷机组、现场充注制冷剂的机组，需要进行系统管路吹污、气密性试验、真空试验、充注制冷剂检漏试验，相关技术数据需要符合产品技术文件与国家现行标准的有关规定。

（6）蒸汽压缩式制冷系统制冷设备与附属设备间制冷剂管道连接时，制冷剂管道坡度、坡向需要符合设计、设备技术文件等要求，如果设计无要求，则需要符合如表 5-18 所示的规定。

表 5-18　制冷剂管道坡度、坡向

管道名称	坡向	坡度
压缩机吸气水平管（氟）	压缩机	≥ 1%
压缩机吸气水平管（氨）	蒸发器	≥ 0.3%

续表

管道名称	坡向	坡度
压缩机排气水平管	油分离器	≥ 1%
冷凝器水平供液管	贮液器	0.1% ～ 0.3%
油分离器至冷凝器水平管	油分离器	0.3% ～ 0.5%

（7）冷（热）机组与附属设备安装允许偏差、检验方法需要符合的规定如表 5-19 所示。

表 5-19　冷（热）机组与附属设备安装允许偏差、检验方法需要符合的规定

项目	允许偏差	检验方法
平面位置	10mm	经纬仪或拉线或尺量检查
标高	± 10mm	水准仪或经纬仪、拉线和尺量检查

（8）制冷剂管道铜管采用承插钎焊焊接连接时，承插口深度需要符合的规定如表 5-20 所示。承口需要迎着介质流动方向。当采用套管钎焊焊接连接时，插接深度不应小于表 5-20 中最小插入深度的规定；当采用对接焊接时，管道内壁需要齐平，错边量不应大于 10% 壁厚，并且不大于 1mm。

表 5-20　铜管承插口深度　　　　　　　　　　单位：mm

铜管规格	≤ DN15	DN20	DN25	DN32	DN40	DN50	DN65
承口的扩口深度	9 ～ 12	12 ～ 15	15 ～ 18	17 ～ 20	21 ～ 24	24 ～ 26	26 ～ 30
最小插入深度	7	9	10	12	13	14	
间隙尺寸	0.05 ～ 0.27			0.05 ～ 0.35			

5.5　空调工程的水系统

5.5.1　空调工程水管软连接做法的分类

空调工程水管软连接做法的分类如图 5-75 所示。

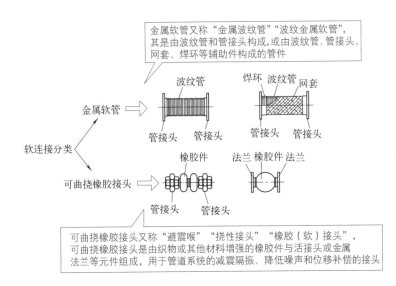

图 5-75　空调工程水管软连接做法的分类

5.5.2　空调工程水管金属软连接形式与组合

空调工程水管金属软连接形式与组合如图 5-76 所示。

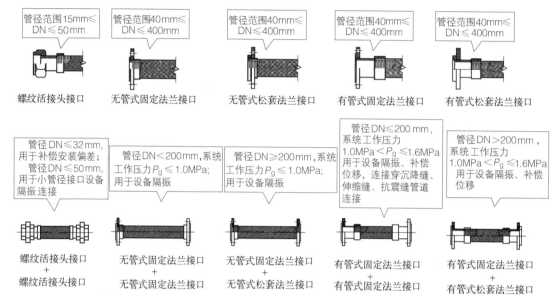

图 5-76　空调工程水管金属软连接形式与组合

5.5.3　空调水管金属软管压力等级

空调水管金属软管压力等级如表 5-21 所示，金属软管压力等级的选择如表 5-22 所示。

表 5-21　空调水管金属软管压力等级

公称直径 DN/mm	公称压力等级 PN/MPa					
	0.6	1.0	1.6	2.0	2.5	4.0
20	○	○	○	○	○	○
25	○	○	○	○	○	○
32	○	○	○	○	○	○
40	○	○	○	○	○	○
50	○	○	○	○	○	○
65	○	○	○	○	○	○
80	○	○	○	○	○	○
100	○	○	○	○	○	○
125	○	○	○	○	○	○
150	○	○	○	○	○	○
200	○	○	○	○	○	×
250	○	○	○	○	○	×
300	○	○	○	○	×	×
350	○	○	○	○	×	×
400	○	○	○	○	×	×

注："○"表示常规金属软管；"×"表示非标金属软管。

表 5-22　金属软管压力等级的选择

系统工作压力 P_g/MPa	选用公称压力 PN/MPa	系统工作压力 P_g/MPa	选用公称压力 PN/MPa
0.4	0.6	1.1	2.0
0.5	1.0	1.2	2.0
0.6	1.0	1.3	2.0
0.7	1.6	1.4	2.5
0.8	1.6	1.5	2.5
0.9	1.6	1.6	2.5
1.0	1.6	—	—

5.5.4　空调水管螺纹连接金属软管的施工做法

空调水管螺纹连接金属软管的施工做法如图 5-77 所示。

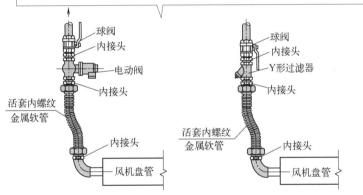

> 金属软管不应反复弯曲后安装。
> 螺纹连接金属软管用于补偿安装偏差，安装后金属软管宜保留有一定的弯曲裕度。
> 施工现场进行电焊作业时应保护金属软管表面，防止焊渣和引弧烧伤金属软管。
> 注意在安装过程中，不要与硬物撞挤，不要损坏密封面

(a) 垂直管安装示例

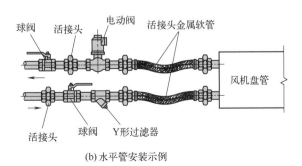

> 金属软管安装时避免扭曲安装，不应沿金属软管根部弯曲，不应有死弯。
> 对波纹金属软管进行预弯时，应检查波纹间的缝隙，避免残留焊渣等硬物，
> 将活套螺母置于波纹金属软管的两端，以免波纹管弯曲时将螺母卡死

(b) 水平管安装示例

图 5-77　空调水管螺纹连接金属软管的施工做法

5.5.5　空调水管管道穿沉降缝、伸缩缝的施工做法

空调水管管道穿沉降缝、伸缩缝的施工做法如图 5-78 所示。

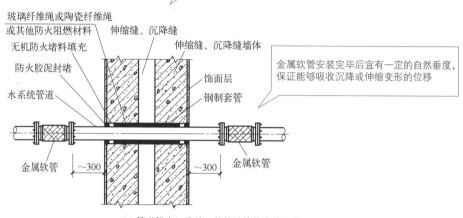

(a) 管道横穿沉降缝、伸缩缝墙体安装示意

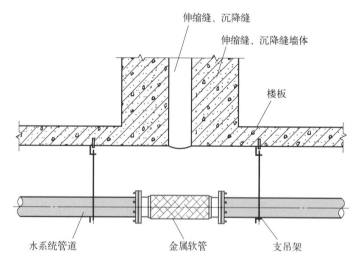

(b) 管道连接沉降缝(伸缩缝)空间安装示意

图 5-78　空调水管管道穿沉降缝、伸缩缝的施工做法（单位：mm）

5.5.6　空调水管可曲挠橡胶接头形式与公称压力选择

空调水管可曲挠橡胶接头形式与公称压力的选择如图 5-79 所示。

可曲挠橡胶接头形式

分类标准	类别	选用范围
适用的介质情况	普通橡胶接头	宜选用
	特种橡胶接头	
连接形式	法兰连接	
	螺纹连接	
	喉箍套管式连接	不宜选用
法兰密封面形式	突面法兰封密	宜选用
	全平面法兰密封	
端面加固形式	端面用钢丝圈加固	
	端面用金属矩形环加固	
	端面用织物加固	
结构形式	单球体	不宜选用
	双球体	
	三球体	
	四球体	
	水泵内吸式球体	
	弯头体	
端面口径及轴心位置	同心同径	宜选用
	同心异径	不宜选用
	偏心异径	
工作压力等级	0.25MPa	宜选用
	0.6MPa	
	1.0MPa	
	1.6MPa	
	2.5MPa	
	4.0MPa	
耐真空度等级	32kPa	不宜选用
	40kPa	
	53kPa	
	86kPa	
	100kPa	宜选用

可曲挠橡胶接头公称压力选择

对于管道内介质温度小于60℃，橡胶软接头的产品的公称压力按照不小于1.5倍系统工作压力确定；
介质温度大于或等于60℃时，按照不小于2倍系统工作压力确定，且采用耐热型橡胶接头

系统工作压力 P_g/MPa	选用公称压力值PN/MPa	
	介质温度<60℃	介质温度≥60℃
0.4	0.6	1.0
0.5	1.0	1.0
0.6	1.0	1.6
0.7	1.6	1.6
0.8	1.6	1.6
0.9	1.6	2.5
1.0	1.6	2.5
1.1	2.5	2.5
1.2	2.5	2.5
1.3	2.5	4.0
1.4	2.5	4.0
1.5	2.5	4.0
1.6	2.5	4.0

图 5-79　空调水管可曲挠橡胶接头形式与公称压力的选择

5.5.7　空调水管立式水泵软连接施工做法

空调水管立式水泵软连接施工做法如图 5-80 所示。

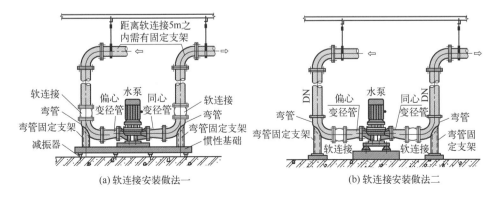

(a) 软连接安装做法一　　　(b) 软连接安装做法二

图 5-80

安装软连接的管道需根据管系的受力情况、位移情况配置管道固定支架，固定支架可单独设置或配合管系统一设置。配合管系统一设置的固定支架距离软连接不宜超过5m

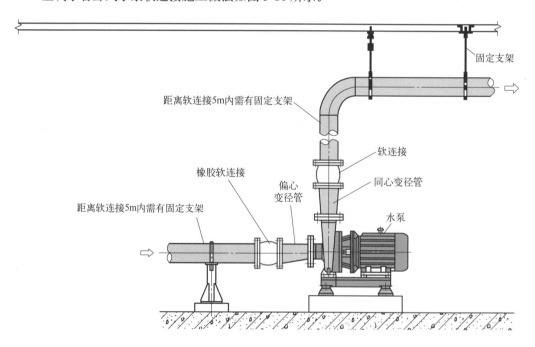

(c) 软连接安装做法三

软连接形式选用参考			
软连接形式	DN＜150mm	150mm≤DN＜200mm	DN≥200mm
无限位橡胶软连接	宜选用	不推荐	慎重选用
有限位橡胶软连接	不推荐	宜选用	优先选用
带钢丝网套金属软管	不推荐	优先选用	优先选用

(d) 软连接安装做法四

图 5-80　空调水管立式水泵软连接施工做法

5.5.8　空调水管卧式水泵软连接施工做法

空调水管卧式水泵软连接施工做法如图 5-81 所示。

(a) 软连接安装做法一

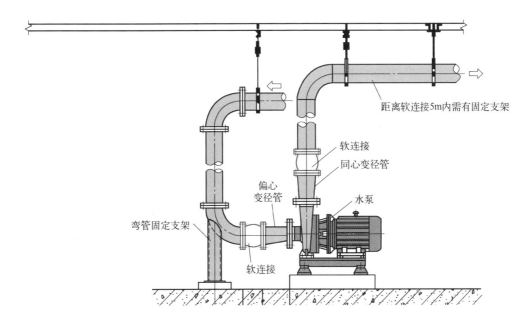

距离软连接5m内需有固定支架

软连接
同心变径管

偏心
变径管

水泵

弯管固定支架

软连接

(b) 软连接安装做法二

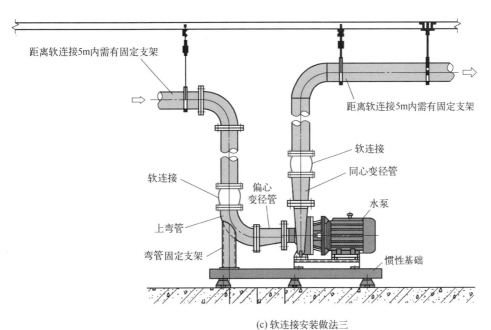

距离软连接5m内需有固定支架

距离软连接5m内需有固定支架

软连接
同心变径管

软连接

偏心
变径管

水泵

上弯管

弯管固定支架

惯性基础

(c) 软连接安装做法三

图 5-81　空调水管卧式水泵软连接施工做法

5.5.9　空调水管隔震连接施工做法

空调水管隔震连接施工做法如图 5-82 所示。

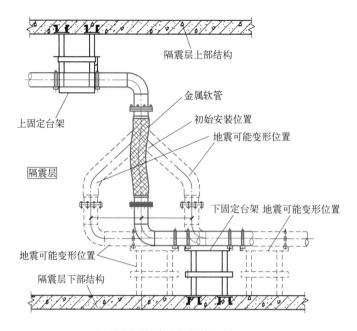

(a) 垂直隔震连接与位移变形示意

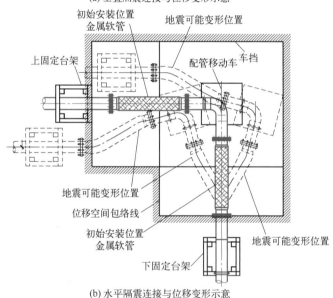

(b) 水平隔震连接与位移变形示意

图 5-82　空调水管隔震连接施工做法

5.5.10　空调工程水系统管道与设备做法要求

空调工程水系统管道与设备做法要求如下。

（1）空调用蒸汽管道温度高于 100℃的热水系统，需要根据国家有关压力管道工程施工的规定执行。

（2）隐蔽安装部位的管道安装完成后，需要在水压试验合格后方能交付隐蔽工程施工。

（3）并联水泵的出口管道进入总管，需要采用顺水流斜向插接的连接形式，并且夹角不应大于 60°。

（4）冷（热）水，冷却水与蓄能（冷、热）系统的试验压力要求：当工作压力小于或等于 1MPa 时，应为 1.5 倍工作压力，并且最低不应小于 0.6MPa；当工作压力大于 1MPa 时，则应为工作压力加 0.5MPa。

（5）系统最低点压力升到试验压力后，需要稳压 10min，压力下降不得大于 0.02MPa，再将系统压力降到工作压力，外观检查无渗漏为合格。

（6）各类耐压塑料管的强度试验压力（冷水）应为 1.5 倍工作压力，并且不应小于 0.9MPa。严密性试验压力应为 1.15 倍的设计工作压力。

（7）采用建筑塑料管道的空调水系统，采用密封圈承插连接的胶圈需要位于密封槽内，不得有皱折扭曲。插入深度需要符合产品要求，插管与承口周边的偏差不得大于 2mm。

（8）采用建筑塑料管道的空调水系统，管道材质采用电熔连接或热熔连接的工作环境温度不应低于 5℃。插口外表面与承口内表面需要作小于 0.2mm 的刮削，连接后同心度的允许误差为 2%。热熔接口圆周翻边需要饱满匀称，不得有缺口状缺陷、海绵状的浮渣与目测气孔。接口位置的错边应小于 10% 的管壁厚。承插接口的插入深度需要符合设计等要求，熔融的包浆在承插件间形成均匀的凸缘，不得有裂纹、凹陷等缺陷。

（9）采用建筑塑料管道的空调水系统，管道采用法兰连接时，两法兰面需要平行，并且误差不得大于 2mm。密封垫为与法兰密封面相配套的平垫圈，不得凸入管内或凸出法兰外。法兰连接螺栓紧固后的螺母需要与螺栓齐平或略低于螺栓。

（10）设备现场焊缝外部质量允许偏差如图 5-83 所示。设备焊缝余高和根部凸出允许偏差如表 5-23 所示。

图 5-83　设备现场焊缝外部质量允许偏差

表 5-23　设备焊缝余高和根部凸出允许偏差　　　　　　　　　单位：mm

母材厚度 T	≤ 6	> 6，≤ 25	> 25
余高和根部凸出	≤ 2	≤ 4	≤ 5

5.5.11　空调工程的冷凝水管的安装要求

空调工程的冷凝水管的安装要求如下。

（1）各种空调设备在运行过程中产生的冷凝水必须及时排走，为此需要安装冷凝水管。

（2）沿水流方向，水平管道应保持不小于 0.2% 的坡度，并且不允许有积水部位。

（3）当冷凝水盘位于机组负压区段时，凝水盘的出水口处必须设置水封，水封的高度应比凝水盘处的负压（相当于水柱温度）大 50% 左右。水封的出口应与大气相通。

（4）冷凝水立管的顶部需要安装通向大气的透气管。

（5）为了防止冷凝水管道表面产生结露，需要进行防结露验算。

（6）冷凝水管水路需要考虑布冷管可能要定期冲洗的情况，并且需要具备必要的设施。

（7）冷凝水管的公称直径 DN，可以根据通过冷凝水的流量计算来确定。

（8）根据机组的冷负荷 Q（kW），可由表 5-24 的数据近似选定冷凝水管的公称直径。

表 5-24　冷凝水管公称直径的选取规定

机组的冷负荷 Q/kW	冷凝水管的公称直径 /mm	机组的冷负荷 Q/kW	冷凝水管的公称直径 /mm
≤ 7	20	7.1 ～ 17.6	25
18 ～ 100	32	101 ～ 176	40
177 ～ 598	50	599 ～ 1055	80
1056 ～ 1512	100	1513 ～ 12462	125

5.5.12　中央空调排水管的安装做法

中央空调排水管安装做法的要求包括坡度合理、管径合理、就近排放等。

冷凝水管道安装前，需要确定其标高、走向，以免与其他管线交叉。水平排水管需要避免对冲现象，以免出现倒坡、排水不畅等现象，如图 5-84 所示。

中央空调排水管安装错误做法如图 5-85 所示。

图 5-84　中央空调排水管安装做法

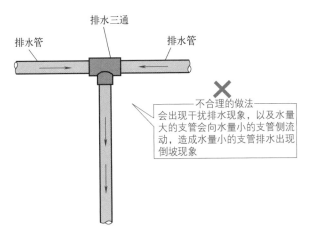

图 5-85　中央空调排水管安装错误做法示意

 一点通

　　空调机排水管必须同建筑中其他雨水管、污水管、排水管分开安装。排水管最高点需要设通气孔，以保证冷凝水顺利排出，并且排气口必须朝下，以免污物进入管道内。保温材料接缝位置，必须用专用胶粘接，然后缠橡塑胶带，橡塑胶带宽度不小于50mm，保证牢固，以防凝露。管道连接完成后，应做通水试验、满水试验，以检查排水是否畅通与检查管道系统是否漏水等。

5.5.13　中央空调排水管坡度要求

　　中央空调排水管坡度，要保持 1/100 以上的落水斜度，不能低于 5/1000 的排水斜度。如果做不到 1/100 倾斜，则可以考虑使用较大尺寸配管，利用管径做坡度，如图 5-86 所示。

　　对于较长的排水管可利用悬挂螺栓，以确保 1/100 斜度（PVC 管不能弯曲）。排水管禁止出现倒坡、水平、弯曲状态。

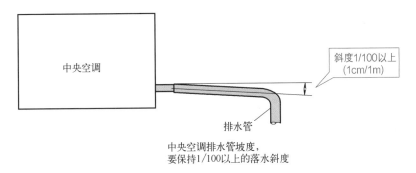

图 5-86　中央空调排水管坡度要求

一点通

中央空调排水管向水平管的汇流尽量从上部，如果从横向，则容易回流。相关要求如下：

（1）排水管管径需要满足室内机排水要求。排水管的尺寸需要大于或等于室内机排水配管连接口尺寸。

（2）排气口位置禁止在带提升泵的室内机提升管附近出现。

（3）所有连接位置要牢靠。

（4）需要做好排水管的绝热，以免发生凝露，绝热处理需要一直到室内机连接部分。

（5）室内机接水盘内注入一定量的水，通电检查冷凝水泵是否能正常启停。

5.5.14 中央空调排水管吊架间距要求

对于中央空调排水管的吊架间距，一般横管为 0.8 ～ 1m，立管为 1.5 ～ 2m，并且每支立管不得少于两个。

横管间距如果过大，则会产生挠曲、气阻现象，如图 5-87 所示。

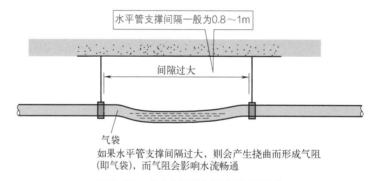

图 5-87 **中央空调排水管吊架间距要求**

5.5.15 中央空调排水管存水弯头做法

如果采用静压比较大、自然排水的室内机（例如高静压风管机等），则排水管需要做存水弯头。设置存水弯头可以避免室内机运行时产生负压导致排水不畅或者把水吹出风口的情况。

中央空调排水管存水弯头做法如图 5-88 所示。

5.5.16 中央空调集中排水管做法

对于中央空调室内机，需要根据合流管排出的冷凝水排量来选择排水管径。

水平管道直径与允许冷凝水排量的关系如表 5-25 所示。竖管直径和冷凝水排量的关系如表 5-26 所示。

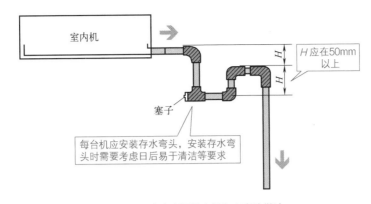

图 5-88 中央空调排水管存水弯头做法

聚合点之后应选择用 PVC40 或更大的管材。中央空调集中排水管的做法如图 5-89 所示。

表 5-25 水平管道直径与允许冷凝水排量的关系

PVC 配管型号	配管内径 （参考值）/mm	配管内径（常见值） /mm	允许流量 /（L/h）		说明
			斜度 1：50	斜度 1：100	
PVC25	19	20	39	27	（参考值） 不能用于汇流管
PVC32	27	25	70	50	
PVC40	34	31	125	88	能用于汇流管
PVC50	44	40	247	175	
PVC63	56	51	473	334	

表 5-26 竖管直径和冷凝水排量的关系

PVC 配管型号	配管内径 （参考值）/mm	配管内径（常见值） /mm	允许流量 /（L/h）	说明
PVC25	19	20	220	（参考值）不能用于 汇流管
PVC32	27	25	410	
PVC40	34	31	730	能用于汇流管
PVC50	44	40	1440	
PVC63	56	51	2760	
PVC75	66	67	5710	
PVC90	79	77	8280	

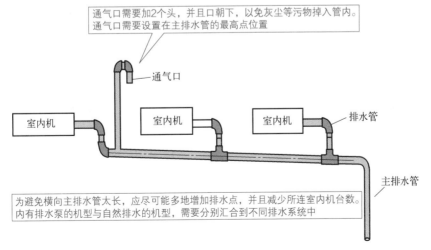

图 5-89 中央空调集中排水管做法

5.5.17　中央空调排水管提升做法

对于有提升泵的机型，则涉及提升管的做法。有的排水管总的提升高度为 750mm。提升管垂直向上后应马上下斜放置，以免造成水泵水位开关误动作。

中央空调排水管提升做法如图 5-90 所示。排气口不能在提升部位安装，以免把水排到天花或无法排出。

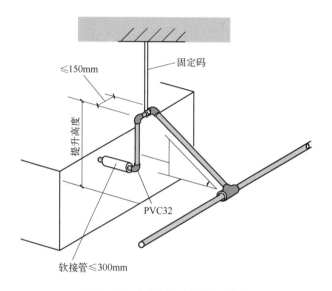

固定码

≤150mm

提升高度

PVC32

软接管≤300mm

图 5-90　中央空调排水管提升做法

 一点通

排水管系统完成后，需要在排水管内灌满水，保留 24 h，并且检查连接位置是否有渗漏，即做满水试验。另外，排水管系统完成后，还需要进行排水试验，检查自然排水方式、水泵排水方式。

5.6　风机与风机箱

5.6.1　风机的特点与分类

风机属于空气输送设备。

风机主要分为离心式风机、轴流式风机、贯流式风机、混流式风机等。

离心式风机的特点是风压高、风量可调、相对噪声较低，可将空气进行远距离输送。

轴流式风机的特点是风压较低、风量较大、噪声相对较大、耗电少、占地面积小、便于维修。

贯流式风机采用一个筒形叶轮，常用于风幕机、风机盘管、家用空调室内侧风机。

混流式风机具有离心式风机与轴流式风机的优点。

风机的旋向有左旋（LG）、右旋（RG）。风机的旋向判断方法：从电机一端正视，叶轮顺时针旋转的叫做右旋风机，逆时针旋转的叫做左旋风机。

风机的出风口方向有 0°、90°、180°、270° 等。

变风量（VAV）系统风机，风量风压可以根据运行时间较长的部分负荷工况来选取。

选择风机时，通常风机出风口平均风速在 10 ～ 15 m/s。

空调工程双风机选型时，需要注意风机工况点应设置在高效点附近、静压曲线峰值的右边，严禁在接近小风量区的喘振点工作。同一系统或空调器中，并联风机应同时启动、同时运转、同时停止。如果单个风机运行，则电机可能会出现超负荷烧毁等现象。

5.6.2 风机与风机箱的安装做法

风机与风机箱的安装做法如下。

（1）叶轮转子与机壳的组装位置要正确。叶轮进风口插入风机机壳进风口或密封圈的深度，需要符合设备技术文件等要求，或者应为叶轮直径的 1/100。

（2）轴流风机的叶轮与筒体的间隙需要均匀，安装水平偏差、垂直偏差均不得大于 0.1%。

（3）减振器的安装位置需要正确，各组或各个减振器承受荷载的压缩量需要均匀一致，偏差要小于 2mm。

（4）风机的减振钢支架、吊架的结构形式、外形尺寸需要符合设计或设备技术文件等要求。焊接需要牢固，焊缝外部质量需要符合规定。

（5）风机的进口、出口不得承受外加的重量，相连接的风管、阀件需要设置独立的支架、吊架。

（6）通风机安装允许偏差如表 5-27 所示。

表 5-27　通风机安装允许偏差

项目		允许偏差	检验法
中心线的平面位移		10mm	经纬仪或拉线和尺量检查
标高		±10mm	水准仪或水平仪、直尺、拉线和尺量检查
皮带轮轮宽中心平面偏移		1mm	在主、从动皮带轮端面拉线和尺量检查
传动轴水平度		纵向 0.2% 横向 0.3%	在轴或皮带轮 0° 和 180° 的两个位置上，用水平仪检查
联轴器	两轴芯径向位移	0.05mm	采用百分表圆周法或塞尺四点法检查验证
	两轴线倾斜	0.2%	

5.7　通风消声器、除尘器、阀门

5.7.1 通风消声器的种类及制作要求

通风消声器是指设置在通风与空调系统中，既允许气流通过，又能够有效抑制噪声沿气流通道传播的装置，其种类有阻性消声器、抗性消声器、管式消声器等，如图 5-91 所示。常见通风消声器的特点如表 5-28 所示。

❶ 按消声原理分类，通风消声器可分为阻性、抗性，代号分别为 Z、K

通风消声器的分类 ❷ 按消声器形状分类，通风消声器可分为矩形、圆形，代号分别为 J、Y

❸ 按构造形式分类，通风消声器可分为管式、片式，折板式、阵列式，代号分别为 G、P、ZB、ZL

图 5-91　通风消声器的分类

表 5-28　常见通风消声器的特点

名称	解说
阻性消声器	利用多孔性吸声材料吸收声能的通风消声器
抗性消声器	不含多孔性吸声材料，利用声波的反射、干涉、共振等原理，通过管道截面突变或在消声器内部设共振腔，吸收声能或阻碍声能传播的通风消声器
管式消声器	在气流管道内壁加衬吸声材料或消声构造，形状呈管状的通风消声器
片式消声器	在大尺寸风管内设置一定数量的平直消声片，形成多个矩形消声通道并联的通风消声器
折板式消声器	将片式消声器的平直形气流通道改成折板形气流通道后所形成的通风消声器
阵列式消声器	由多个消声单元在通风截面上按照阵列方式排列而组成的通风消声器

通风消声器总长度宜采用 1000mm、2000mm 两种规格。矩形、圆形通风消声器截面常用规格如图 5-92 所示。

矩形通风消声器

矩形通风消声器常用规格

消声器法兰内口边长				
120	320	800	2000	4000
160	400	1000	2500	—
200	500	1250	3000	—
250	630	1600	3500	—

圆形通风消声器

圆形通风消声器常用规格

消声器法兰内口直径 D			
基本系列	辅助系列	基本系列	辅助系列
120	110	560	530
140	130	630	600
160	150	700	670
180	170	800	750
200	190	900	850
220	210	1000	950
250	240	1120	1060
280	260	1250	1180
320	300	1400	1320
360	340	1600	1500
400	380	1800	1700
450	420	2000	1900
500	480	—	—

图 5-92　通风消声器的规格（单位：mm）

通风消声器的外观要整洁、无破损。

通风消声器的铭牌、合格证、气流方向标志需要牢固，标识内容要清晰。

通风消声器法兰宜采用热轧型钢，并且法兰、螺栓规格、螺栓孔距等要与有关规定的风管法兰要求一致。

通风消声器外壳的材料宜与上下游通风管道材料相同，其厚度要与有关规定的风管板材厚度要求一致。

通风消声器受力构件不应对周围构件产生腐蚀，宜与外壳材料一致。

通风消声器使用的热镀锌钢板公称镀层重量不应小于 $250g/m^2$。

多孔吸声材料与穿孔板间宜设置防止多孔吸声材料逸出的透声覆面层，透声覆面层宜顺气流方向进行搭接。

有消防要求的通风消声器，多孔吸声材料的燃烧性能等级不应低于 A2 级。

通风消声器需要采取措施防止多孔吸声材料长期使用发生垂坠。

通风消声器的铆接、焊接区域需要光滑、均匀、牢固，咬口连接需要平整、牢固，连接铆钉需要均匀分布，不得有松动、裂纹、虚焊、气孔、夹渣等缺陷。

金属材料通风消声器的防锈涂层或镀层需要美观、平整、牢固，不得有锈痕、漏涂、剥落、开裂、流淌痕迹等缺陷。

通风消声器外形与法兰尺寸允许偏差需要符合的规定如图 5-93 所示。

类别	项目		允许偏差
矩形消声器	外形边长l (含长宽高)	l≤500	≤3
		500<l≤2000	≤5
	平面对角线之差		≤5
	法兰内边长 a	a≤500	≤2
		500<a≤2000	≤3
	法兰对角线之差		≤3
圆形消声器	外形直径d₁	d₁≤320	≤3
		320<d₁≤2000	≤5
	总长度		≤5
	法兰内直径 d₂	d₂≤320	≤2
		320<d₂≤2000	≤3
	法兰任意正交两直径之差		≤3

通风消声器外形及法兰尺寸允许偏差

图 5-93　通风消声器外形及法兰尺寸允许偏差需要符合的规定（单位：mm）

通风消声器、消声弯管的制作要求如图 5-94 所示。

通风消声器、消声弯管的制作要求

- 消声器的类别、消声性能、空气阻力应符合设计要求和产品技术文件的规定
- 矩形消声弯管平面边长大于800mm时，应设置吸声导流片
- 消声器内消声材料的织物覆面层应平整，不应有破损，并应顺气流方向进行搭接
- 消声器内的织物覆面层应有保护层，保护层应采用不易锈蚀的材料，不得使用普通铁丝网。当使用穿孔板保护层时，穿孔率应大于20%
- 净化空调系统消声器内的覆面材料应采用尼龙布等不易产尘的材料
- 微穿孔(缝)消声器的孔径或孔缝、穿孔率、板材厚度应符合产品设计要求，综合消声量应符合产品技术文件要求

图 5-94　通风消声器、消声弯管的制作要求

5.7.2　除尘器的安装做法

除尘器的安装做法要求如下。

（1）除尘器的安装位置需要正确，固定需要牢固平稳，除尘器安装允许偏差与检验方法如表 5-29 所示。

表 5-29　除尘器安装允许偏差与检验方法

项目		允许偏差 /mm	检验方法
平面位移		≤ 10	经纬仪或拉线、尺量检查
标高		± 10	水准仪、直线和尺量检查
垂直度	每米	≤ 2	吊线和尺量检查
	总偏差	≤ 10	

（2）除尘器的活动或转动部件的动作要灵活可靠，并且需要符合设计等要求。

（3）除尘器的排灰阀、卸料阀、拌泥阀的安装要严密，并且便于操作与维护修理。

5.7.3　成品风阀的制作要求

成品风阀的制作要求如图 5-95 所示。

成品风阀的制作要求
- 风阀应设有开度指示装置，并能准确反映阀片开度
- 手动风量调节阀的手轮或手柄应以顺时针方向转动为关闭
- 电动、气动调节阀的驱动执行装置，动作应可靠，且在最大工作压力下工作应正常
- 密闭阀应能严密关闭，漏风量应符合设计要求
- 工作压力大于1000Pa的调节风阀，生产厂家应提供在1.5倍工作压力下能自由开关的强度测试合格的证书或试验报告
- 净化空调系统的风阀，活动件、固定件以及紧固件均应采取防腐措施，风阀叶片主轴与阀体轴套配合应严密，且应采取密封措施

图 5-95　成品风阀的制作要求

单叶风阀的结构要牢固，启闭要灵活，关闭要严密，与阀体的间隙要小于 2mm。

多叶风阀开启时，不得有明显的松动现象。关闭时，叶片的搭接要贴合一致。截面积大于 $1.2m^2$ 的多叶风阀要实施分组调节。

止回阀阀片的转轴、铰链需要采用耐锈蚀材料。阀片在最大负荷压力下不得弯曲变形，启闭要灵活，关闭要严密。水平安装的止回阀要有平衡调节机构。

三通调节风阀的手柄转轴或拉杆与风管（阀体）的结合处需要严密，阀板不得与风管相碰擦，调节要方便，手柄与阀片要处于同一转角位置，拉杆可在操控范围内作定位固定。

插板风阀的阀体要严密，内壁要做防腐处理。插板要平整，启闭要灵活，并且要有定位固定装置。斜插板风阀阀体的上、下接管应成直线。

定风量风阀的风量恒定范围和精度需要符合工程设计、产品技术文件等要求。

风阀法兰尺寸允许偏差需要符合的要求如图 5-96 所示。

风阀长边尺寸 b 或直径 D	允许偏差			
	边长或直径偏差	矩形风阀端口对角线之差	法兰或端口端面平面度	圆形风阀法兰任意正交两直径之差
b(D)≤320	±2	±3	0～2	±2
320＜b(D)≤2000	±3	±3	0～2	±2

风阀法兰尺寸允许偏差需要符合的要求

图 5-96　风阀法兰尺寸允许偏差需要符合的要求（单位：mm）

5.7.4　阀门的安装做法要求

阀门的安装做法要求如下。

（1）阀门安装前需要进行外观检查。

（2）工作压力大于 1MPa 及在主干管上起到切断作用和系统冷水、热水运行转换调节功能的阀门、止回阀，需要进行壳体强度与阀瓣密封性能的试验，并且需要试验合格。其他阀门可以不单独进行试验。壳体强度试验压力需要为常温条件下公称压力的 1.5 倍，持续时间不应少于 5min，阀门的壳体、填料应无渗漏。严密性试验压力应为公称压力的 1.1 倍，在试验持续的时间内应保持压力不变，阀门压力试验持续时间与允许泄漏量需要符合的规定如表 5-30 所示。

表 5-30　阀门压力试验持续时间与允许泄漏量

直称直径 Dn/mm	严密性试验（水）最短试验持续时间 /s	
	止回阀	其他阀门
≤ 50	60	15
65 ～ 150	60	60
200 ～ 300	60	120
≥ 350	120	120
允许泄漏量	3 滴 ×（Dn/25）/min	小于 Dn65 为 0 滴，其他为 2 滴 ×（Dn/25）/min

注：压力试验的介质为洁净水。用于不锈钢阀门的试验水，氯离子含量不得高于 25mg/L。

（3）装在保温管道上的手动阀门的手柄不得朝下。

（4）电动阀门的执行机构应能够全程控制阀门的开启与关闭。

5.7.5　两线电动二通截止阀的接线做法

两线电动二通截止阀需要接零线与开阀线，并且更换时要关闭温控面板。阀体为截止阀，是有方向的，接入水管时要注意水流方向与阀的方向要一致，以免制冷量下降或者不制冷。

两线电动二通截止阀的接线做法如图 5-97 所示。

5.7.6　三线电动二通球阀的接线做法

有种三线电动二通球阀的接线方式为：棕色线接电源火线、黑色线接电源零线、蓝色线接开阀线。更换时必须将风机盘管电源断开，不可只关闭温控面板，以免触电。

三线电动二通球阀的阀体为球阀的，一般无方向。

三线电动二通球阀的接线做法如图 5-98 所示。

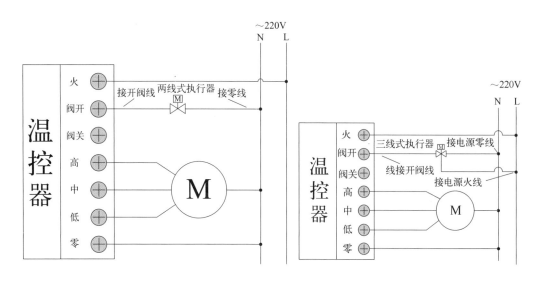

图 5-97　两线电动二通截止阀的接线做法　　　　图 5-98　三线电动二通球阀的接线做法

5.7.7　风阀的选择技巧与结构特点

风阀的选择技巧如图 5-99 所示。部分风阀的结构特点如图 5-100 所示。

风阀类别	功能			控制方式				结构型式	
	开关	调节	密封	手动	电动	气动	自平衡	单叶	多叶
多叶调节阀	参考	推荐	参考	推荐	推荐	推荐	—	参考	推荐
蝶阀	推荐	参考	参考	推荐	推荐	推荐	—	推荐	—
定风量阀	参考	推荐	—	参考	参考	参考	推荐	推荐	—
止回阀	推荐	—	参考	—	—	—	推荐	—	推荐
三通调节阀	参考	推荐	—	推荐	—	—	—	推荐	—
密闭式斜插板阀	推荐	参考	推荐	推荐	—	—	—	推荐	—
余压阀	参考	推荐	参考	推荐	—	—	推荐	推荐	参考

三通调节阀 ⇒ 三通调节阀多用于系统的主分支的风量初调

密闭式斜插板阀 ⇒ 密闭式斜插板阀只用于有特殊密封要求（如除尘和净化等）的系统

多叶调节阀 ⇒ 多叶调节阀使用广泛，几乎可用于所有的通风系统

止回阀 ⇒ 止回阀多用于多台并联的风机出口和不允许倒流的系统

余压阀 ⇒ 余压阀多为单独安装，用于有正(负)压稳压要求的场合

蝶阀 ⇒ 蝶阀可用于各种通风系统，但多用在仅需开关的系统末端

定风量阀 ⇒ 定风量阀多用于对风量要求较高又不便经常调整的通风系统

图 5-99　风阀的选择技巧

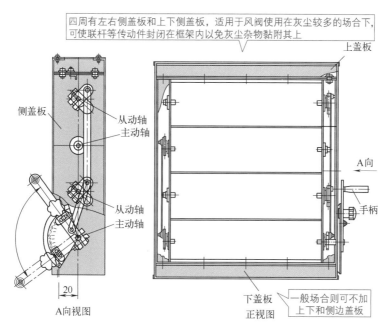

图中标注：
四周有左右侧盖板和上下侧盖板，适用于风阀使用在灰尘较多的场合下，可使联杆等传动件封闭在框架内以免灰尘杂物黏附其上

上盖板
侧盖板
从动轴
主动轴
从动轴
主动轴
A向
手柄
下盖板
一般场合则可不加上下和侧边盖板
20
A向视图
正视图

(a) 手动对开式多叶调节阀(普通式)

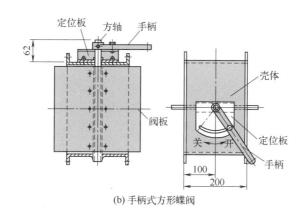

定位板
方轴
手柄
62
壳体
阀板
关 开
定位板
手柄
100
200

(b) 手柄式方形蝶阀

图 5-100　部分风阀的结构特点（单位：mm）

5.7.8　风阀的吊架支架安装做法

风阀安装前，需要检查其框架结构是否牢固，调节制动、定位等装置是否准确灵活。

风阀安装时，将其法兰与风管或设备的法兰对正，并且加上密封垫片，上紧螺栓，需要使其与风管或设备连接牢固严密。风阀安装时，需要使阀件的操纵装置便于人工操作，并且其安装方向与阀体外壳标注的方向一致。

安装完的风阀，需要在阀体外壳上有明显和准确的开启方向、开启程度的标志。

防火阀的易熔件，需要安装在风管的迎风侧，并且其熔点温度需要符合设计、规范等有关要求。

风阀的吊架支架安装做法如图 5-101 所示。

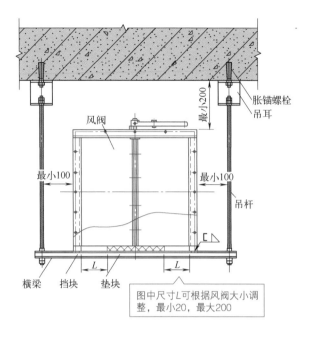

图 5-101　风阀的吊架支架安装做法（单位：mm）

5.7.9　电动风阀侧墙安装做法

电动风阀侧墙安装做法如图 5-102 所示。

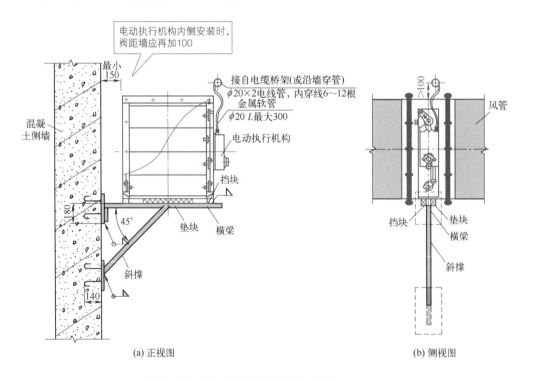

图 5-102　电动风阀侧墙安装做法（单位：mm）

5.8 其他附件配件

5.8.1 风罩与风口的制作要求

5.8.1.1 风罩的制作要求

风罩的结构要牢固，形状要规则，表面要平整光滑，转角处弧度要均匀。风罩外壳不得有尖锐的边角。

风罩与风管连接的法兰要与风管法兰相匹配。

槽边侧吸罩、条缝抽风罩的尺寸要正确，吸口要平整。罩口加强板间距要均匀。

5.8.1.2 风口的制作要求

风口的结构需要牢固，形状要规则。外表装饰面要平整。

风口的叶片或扩散环的分布要匀称。

风口各部位的颜色要一致，不得有明显的划伤、压痕。调节机构要转动灵活、定位可靠。

风口要以颈部的外径或外边长尺寸为准，风口颈部尺寸允许偏差需要符合的要求如图 5-103 所示。

圆形风口		
直径	≤250	>250
允许偏差	−2～0	−3～0
矩形风口		
大边长	<300	300～800	>800
允许偏差	−1～0	−2～0	−3～0
对角线长度	<300	300～500	>500
对角线长度之差	0～1	0～2	0～3

风口颈部尺寸允许偏差需要符合的要求 →

图 5-103　风口颈部尺寸允许偏差需要符合的要求（单位：mm）

 一点通

风帽的要求

（1）风帽的结构要牢固，形状要规则，表面要平整。

（2）风帽与风管连接的法兰要与风管法兰相匹配。

（3）伞形风帽伞盖的边缘要采取加固措施，各支撑的高度尺寸要一致。

（4）锥形风帽内外锥体的中心要同心，锥体组合的连接缝要顺水，下部排水口要畅通。

（5）筒形风帽外筒体的上下沿口要采取加固措施，不圆度不应大于直径的 2%。

5.8.2　柔性短管的制作要求

柔性短管的制作要求如下。

（1）柔性短管的外径或外边长需要与风管尺寸相匹配。

（2）柔性短管需要采用抗腐、防潮、不透气、不易霉变的柔性材料。

（3）用于净化空调系统的柔性短管还需要采用内壁光滑、不易产生尘埃的材料。

（4）柔性短管的长度宜为 150～250mm，接缝的缝制或粘接需要牢固、可靠，不得有开裂现象。成型短管需要平整，无扭曲等现象。

（5）柔性短管不得为异径连接管，矩形柔性短管与风管连接不得采用抱箍固定的形式。

（6）柔性短管与法兰组装宜采用压板铆接连接，铆钉间距宜为 60～80mm。

 一点通

风管内电加热器的加热管与外框及管壁的连接需要牢固可靠，绝缘良好，金属外壳应与 PE 线可靠连接。检查门需要平整，启闭要灵活，关闭要严密，与风管或空气处理室的连接处要采取密封措施，并且不得有可察觉渗漏点。净化空调系统风管检查门的密封垫料，要采用成型密封胶带或软橡胶条。

5.9　防腐、绝热、保温工程与金属保护壳

5.9.1　防腐与绝热工程施工做法

防腐与绝热工程施工做法要求如下。

（1）空调设备、风管及相关部件的绝热工程施工需要在风管系统严密性检验合格后进行。

（2）风管、管道的支架、吊架需要进行防腐处理，明装部分需要刷面漆。

（3）防腐涂料的涂层需要均匀，不得有皱纹、堆积、漏涂、掺杂、气泡、混色等缺陷。

（4）绝热层需要满铺，表面需要平整，不得有裂缝、空隙等缺陷。当采用卷材或板材时，其允许偏差应为 5mm。当采用涂抹或其他方式时，其允许偏差应为 10mm。

（5）管道采用玻璃棉或岩棉管壳保温时，管壳规格与管道外径需要相匹配，管壳的纵向接缝要错开，管壳要采用金属丝、黏结带等捆扎，间距应为 300～350mm，并且每节至少要捆扎两道。

（6）风管绝热材料采用保温钉固定时，保温钉与风管、部件、设备表面的连接需要采用黏结或焊接，结合要牢固不应脱落，不得采用抽芯铆钉或自攻螺钉等破坏风管严密性的固定方法。保温钉及其应用如图 5-104 所示。

图 5-104 保温钉及其应用

（7）矩形风管、设备表面的保温钉要均布，风管保温钉数量需要符合有关规定，如表 5-31、图 5-105 所示。首行保温钉距绝热材料边沿的距离应小于 120mm，保温钉的固定压片需要松紧适度，均匀压紧。

表 5-31　风管保温钉数量需要符合的规定　　　　单位：个 /m²

隔热层材料	风管底面	侧面	顶面
铝箔岩棉保温板	≥ 20	≥ 16	≥ 10
铝箔玻璃棉保温板（毡）	≥ 16	≥ 10	≥ 8

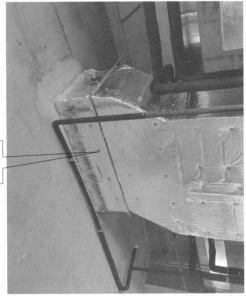

矩形风管、设备表面的保温钉要均布，风管保温钉数量需要符合有关规定

图 5-105 矩形风管、设备表面的保温钉要均布

（8）绝热材料纵向接缝不宜设在风管底面。

（9）风管、管道的绝热防潮层（包括绝热层的端部）需要完整，并且封闭良好。立管的防潮层环向搭接缝口，需要顺水流方向设置。水平管的纵向缝，需要位于管道的侧面，并且需要顺水流方向设置。带有防潮层绝热材料的拼接缝，需要采用粘胶带封严，缝两侧粘胶带粘接的宽度不得小于 20mm。胶带需要牢固地粘贴在防潮层面上，不得有胀裂与脱落。

（10）绝热涂抹材料作绝热层时，需要分层涂抹，厚度要均匀，不得有气泡和漏涂等缺陷，表面固化层需要牢固，不得有缝隙。

5.9.2　中央空调的保温工程做法

中央空调的保温工程一般采用普通保温方法，也就是在设备、管道的外侧敷设固体多孔性保温材料，以及辅之以适当的防潮、保护措施的方法。

采用不同种类的保温材料时，其保温结构的形式也不尽相同。

运转中，气管、液管的温度可能会过热或过冷，严重影响机器制冷制热效果，甚至可能烧毁压缩机。为此，需要采用保温结构。另外，制冷时气管温度很低，如果保温不充分，则会形成结露与造成漏水。制热运转中排出管（气管）温度也高，如果不当心接触后会被烫伤，为此，排出管也要采取保温措施。

中央空调风管保温做法的要求如下。

（1）风管部件、设备保温需要在风管系统漏风试验、质量检查合格后进行。

（2）中央空调风管保温常使用离心玻璃棉、橡塑材料以及各类新型保温风管材料。

（3）保温层需要密实平整，不得有裂缝空隙等缺陷，如图 5-106 所示。

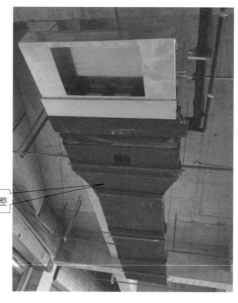

图 5-106　保温层需要密实平整

（4）中央空调风管的支架、吊架、托架需要设置在保温层外部，并且在支架、吊架、托架与风管间镶以垫木。

（5）中央空调风管保温层厚度要求如下：

① 敷设在非空调房间里的送风管、回风管，采用离心玻璃棉保温时保温层厚度大约为40mm；

② 敷设在空调房间里的送风管、回风管，采用离心玻璃棉保温时保温层厚度大约为25mm；

③ 采用橡塑材料或其他材料时，需要根据设计或计算来确定选择。

冷媒配管的钎焊区、扩口位置、法兰连接位置只有在气密试验成功后才能够进行保温施工。

中央空调的冷媒配管保温材料，可以选择使用闭孔发泡保温材料，难燃 B1 级，耐热性超过 120℃ 的材料。冷媒配管保温层的厚度要求如图 5-107 所示。

图 5-107　冷媒配管保温层的厚度要求

如果气管、液管一起保温，则会导致空调效果差。为此，气管与液管需要隔开绝热，分别保温，如图 5-108 所示。另外，管子接头位置周围需要完全保温绝热。

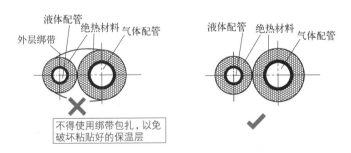

图 5-108　气管与液管不得一起保温

冷媒配管修补保温棉时，先裁剪比缝隙长的保温棉，再将两端口拉开，嵌入保温棉，然后在接口位置用胶水粘贴紧密即可，如图 5-109 所示。所有的断面、切口，均需要涂胶水粘合。另外，隐蔽部分禁止使用包扎带包扎保温棉，以免影响保温效果。

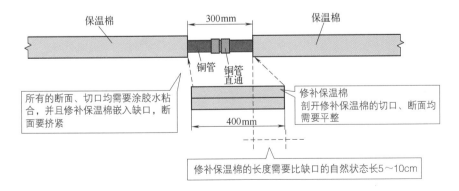

图 5-109　冷媒配管修补保温棉的做法

中央空调冷凝水管保温的要求如下。

（1）选择采用难燃 B1 级橡塑保温管保温。

（2）保温层厚度一般为 10mm。

（3）机体排水口位置的保温材料需要用胶粘在机体上，以防结露。

（4）管道在墙内敷设可以不保温。

（5）保温材料接缝位置，需要用专用胶粘接，再缠布基胶带，胶带宽度一般不小于 5cm，并且牢固，以防结露。

5.9.3　金属保护壳的做法

金属保护壳的做法要求如下。

（1）金属保护壳板材的连接需要牢固严密，外表需要整齐平整。

（2）圆形保护壳需要贴紧绝热层，不得有脱壳、褶皱、强行接口等现象。接口搭接需要顺水流方向设置，并且应有凸筋加强，搭接尺寸应为 20 ～ 25mm。采用自攻螺钉紧固时，螺钉间距需要匀称，并且不得刺破防潮层。

（3）矩形保护壳表面需要平整，棱角需要规则，圆弧需要均匀，底部与顶部不得有明显的凸肚、凹陷等现象。

（4）户外金属保护壳的纵向、横向接缝需要顺水流方向设置，纵向接缝需要设在侧面。保护壳与外墙面或屋顶的交接位置需要设泛水，并且不应渗漏。

（5）管道或管道绝热层的外表面，需要根据设计等要求进行色标。

5.10　分歧管组件与节流部件

5.10.1　分歧管组件的安装做法

分歧管，也就是空调分支器、分歧器，用于变制冷剂量（VRV）空调系统。分歧管是连接主机和多个末端设备（蒸发器）的连接管，分为气管与液管。气管一般口径比液管要粗，如图 5-110 所示。

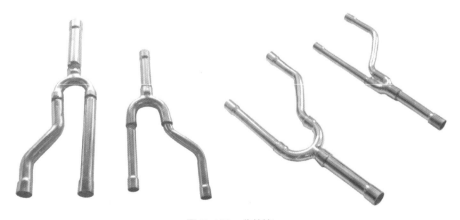

图 5-110　分歧管

　　设置分歧管组件的位置时，分歧管不能用三通代替，并且根据图纸确认分歧管组件的型号、连接主管和支管的管径等要求。

　　分歧管放置形式如图 5-111 所示。

内机连接U形分歧管放置形式：水平放置/垂直放置
外机并联U形分歧管放置形式：水平放置
外机并联T形分歧管放置形式：水平放置
同一系统并联外机的放置形式：外机放置在同一水平面上，用于外机并联的分歧管也放置在同一水平面上，用于连接各平衡管(油平衡、气平衡)的T形三通也水平放置

图 5-111　分歧管放置形式

　　为了保证冷媒分流均匀，安装分歧管组件时需要注意其水平直管道的距离，例如分歧管后连接室内机的水平直管段距离应 ≥ 0.5m；相邻两分歧管间的水平直管段距离应 ≥ 0.5m；铜管转弯处与相邻分歧管间的水平直管段距离应 ≥ 0.5m，如图 5-112 所示。

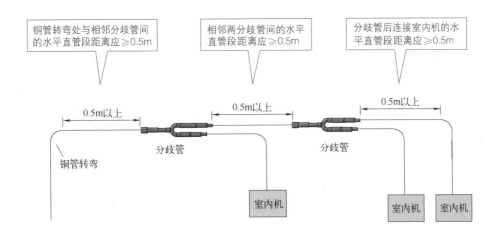

图 5-112　分歧管组件水平直管道的距离

5.10.2　节流部件的安装做法

　　节流部件往往是外置安装，需现场连接。节流部件的安装做法如图 5-113 所示。

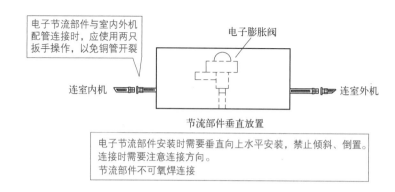

图 5-113   节流部件的安装做法

5.11   风管机、风机盘管与嵌入式空调

5.11.1   风管机空调系统

空调系统可以分为氟系统、水系统、风系统等。氟系统是指主机（室外机）与末端（室内机）间采用铜管相连，而铜管内部通过氟里昂，也就是以氟作为冷（热）源的载体。水系统是指主机（室外机）与末端（风机盘管）间采用水管（水管可用 PPR 管、镀锌钢管、无缝钢管等）相连，而水管内部通过的是水，也就是以水作为冷（热）源的载体。风系统是指用风管（镀锌铁皮）来连接室内机和送风、回风口的系统，如图 5-114 所示。

(a) 风管机

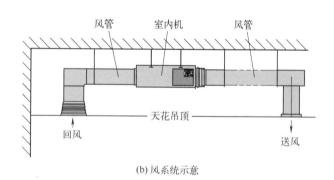

(b) 风系统示意

图 5-114   风系统

冷负荷，就是为维持室温恒定，空调设备在单位时间内必须从室内带走的热量。热量是通过墙体传热、灯具散热、人体散热带入空气中的。民用建筑空调面积冷负荷指标如表 5-32 所示。

表 5-32　民用建筑空调面积冷负荷指标

房间类型	冷负荷指标 /（w/m²）	房间类型	冷负荷指标 /（w/m²）
门厅、中庭	110 ～ 180	办公室	120 ～ 220
走廊	90 ～ 120	百货商场	180 ～ 300
室内游泳池	220 ～ 360	旅馆客房	100 ～ 180
图书阅览室	100 ～ 150	会议室	220 ～ 320
陈列室展览厅	160 ～ 260	舞厅（交谊舞）	220 ～ 280
会堂、报告厅	200 ～ 260	舞厅（迪斯科）	280 ～ 350
体育馆	200 ～ 280	酒吧	150 ～ 250
影剧院观众厅	220 ～ 350	西餐厅	200 ～ 250
影剧院休息厅	250 ～ 400	中餐厅宴会厅	220 ～ 360
医院病房	100 ～ 180	健身房保龄球	150 ～ 250
医院手术室	150 ～ 500	理发、美容	150 ～ 280
公寓、住宅	100 ～ 200	管理、接待	110 ～ 150

风管机是隐藏式空调的简称，也称为空调风管机、风管机空调、风管机中央空调等。

风管机的室内机与中央空调的室内机基本是一样的，从外表上看和中央空调没有区别。

风管机的基本组成包括室外机、管道系统（风系统与氟系统）、风管式室内机。

风管机室内机薄的有 220mm、厚的有 300mm，高度有 185mm 不等。

超薄风管机机外静压为 0，不能接风管。超薄风管机必须安装回风箱，不能靠夹层回风，以免影响制冷效果。

风管机空调的应用如图 5-115 所示。

风管机空调室内机安放位置要求如下。

（1）尽量不安放在阳光直射的地方。

（2）不安放在卧室的窗台或卧室的附近。

（3）进风、出风有足够的距离，便于散热（也就是进风处、出风处不能有阻挡物）。

（4）安放在能承受室外机自重 2 ～ 3 倍以上的地方。

（5）尽量安放在节约冷媒管的地方。

（6）安放在不影响其他因素或环境的地方。

（7）安放在没有油烟或其他腐蚀气体的地方。

风管机空调室内机连接管越长，冷量衰减越大。布置风管需要考虑的因素如下。

（1）尽量缩短管线，减少分支管线，避免复杂的局部构件，以节省材料与减小系统阻力。

（2）便于施工与检修。

（3）恰当处理与消防水管道系统、其他管道系统在布置上可能遇到的矛盾、冲突。

5.11.2　风机盘管特点、种类与施工做法

风机盘管是水系统中央空调末端设备，主要用于舒适性空调。风机盘管主要由风机、盘管换热器等组成。风机盘管工作原理也是由两个循环系统构成的，即风循环与水循环。

风机盘管系统也是一种半集中式空调系统，如图 5-116 所示。

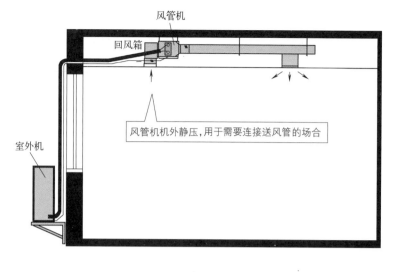

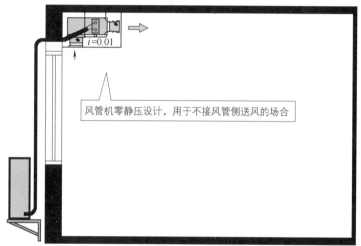

图 5-115　风管机空调的应用

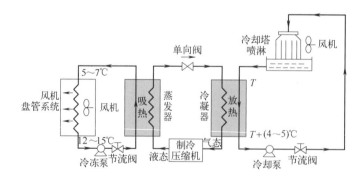

图 5-116　风机盘管系统

水循环是指中央机房过来的冷水（热水）经过水管在换热器内循环。

风循环是指机组内不断循环所在房间的空气，使空气通过冷水（热水）盘管后被冷却（加热），从而保持房间温度的恒定。

风机盘管种类如图 5-117 所示。风机盘管的结构如图 5-118 所示。风机盘管的转速开关标有"关 / 低 / 中 / 高"，可以控制电机的转速，从而起到调节风量的作用。风机盘管的温控器的种类根据智能化程度，可以分为三速开关、机械膜盒式温控器、液晶风机盘管温控器等。

目前，市面还存在标准接水盘机型、加长接水盘机型等种类。

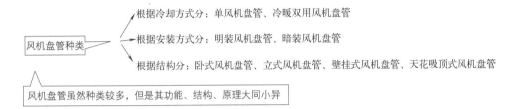

图 5-117　风机盘管种类

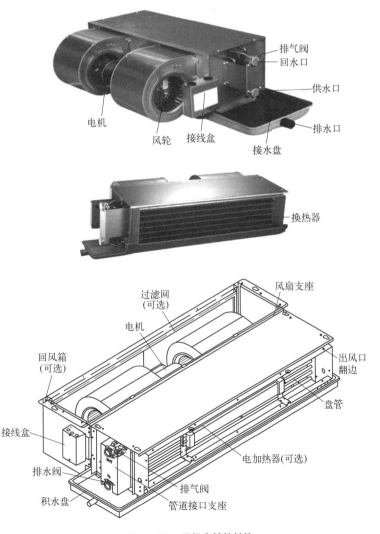

图 5-118　风机盘管的结构

水系统风机盘管安装位置如图 5-119 所示。风机盘管的运转可以可用一个电机转速开关（三速开关）或一个温控器控制。

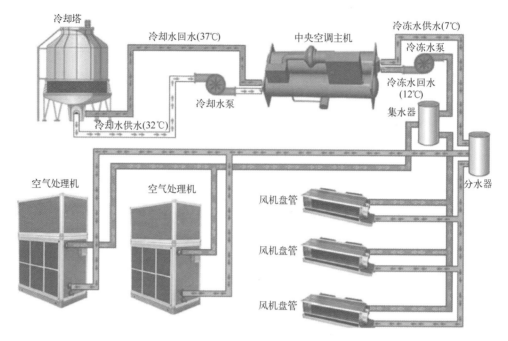

图 5-119 　水系统风机盘管安装位置

风盘安装做法要求如下。

（1）风机盘管在安装前，需要检查每台电机壳体、表面交换器有无损伤、锈蚀等缺陷。风机盘管安装做法如图 5-120 所示。

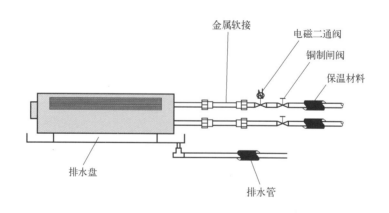

图 5-120 　风机盘管安装做法图示

（2）电机盘管、诱导器要逐台进行通电试验检查，机械部分不得摩擦，电气部分不得漏电。

（3）风机盘管、诱导器要逐台进行水压试验，试验强度应为风机盘管工作压力的 1.5 倍，定压后观察 2 ～ 3min 不得渗漏。

（4）卧式吊装风机盘管、诱导器，其吊架安装要平整牢固，位置要正确。吊杆不得自由摆动。

（5）凝结水管宜软性连接，软管长度不大于 300mm 时宜采用透明胶管，并且用喉箍紧固，严禁渗涌。

（6）凝结水管坡度要正确，凝结水要畅通地流到指定位置，水盘要无积水现象。

（7）风机盘管同冷热媒管应在管道系统冲洗排污后连接，以防堵塞热交换器。

（8）暗装的卧式风机盘管、吊顶需要留有活动检查门，以便机组能整体拆卸、检修。

（9）冷冻水管路连接时，用 3/4″（即 19.05mm）外螺纹接头将冷冻水管接到盘管上。有的风机盘管的进水口在下，出水口在上。

（10）冷凝水管路连接时，接冷凝水管的连接件可以是 PVC 材料或钢材。有的风机盘管是用 3/4″ 内螺纹接头接到积水盘的排水口。连接处需用胶带密封以防漏水。排水管的坡度建议至少为 1∶50，如图 5-121 所示。

（11）冷冻水管和冷凝水管必须保温，并且特别注意保温材料的端部处理，以防制冷运行时结露。

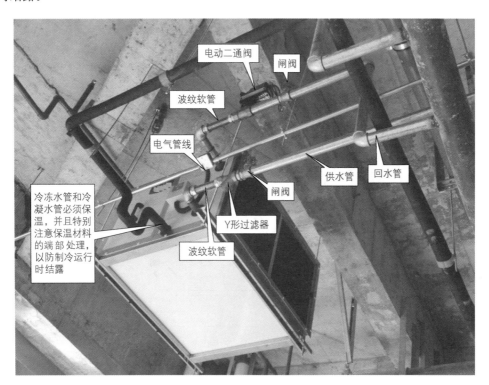

图 5-121　风机盘管的施工做法

（12）截止阀的安装做法：其阀芯应向上，并且要安装在可操作的部位。

（13）电动阀的安装做法：其要安装在水过滤器后，其阀体要垂直向上。

（14）水过滤器的安装做法：其要安装在截止阀的后面，排污口应向下，逆水流方向，不得反向。水过滤器的下方宜为承水盘或具有一定空间位置。

（15）弹性接管的安装做法：其宜采用不锈钢或铜质波纹管连接，波纹管长度要等于或略长于连接的实际长度。连接时，宜调整到两管口基本重合状态，再拧紧螺纹，不得采用强力拉伸波纹管接管。

（16）机组安装注意事项如下。

① 安装前需要确认管路、电气接线的位置。

② 安装前需要检查吊装结构是否能承受机组重量。

③ 所有机组安装必须水平以确保排水顺畅、正常运转。

④ 连接风管的机组需要保证在允许的机外静压范围内。

⑤ 机组顶部有安装孔，可通过吊杆悬挂在楼板下。

⑥ 机组电气接线一般可以参考随机接线图。

⑦ 机组提供的接地点需接到楼宇的接地系统中。

⑧ 室内机的安装过程中，应采取防尘措施，用包装对室内机进行包裹，以防污染室内机。

5.11.3　嵌入式空调安装做法

嵌入式空调一般由主板、空气压缩机、冷凝器等核心部件组成。嵌入式空调与室外机管路系统图如图 5-122 所示。嵌入式空调外形与主要施工做法如图 5-123 所示。

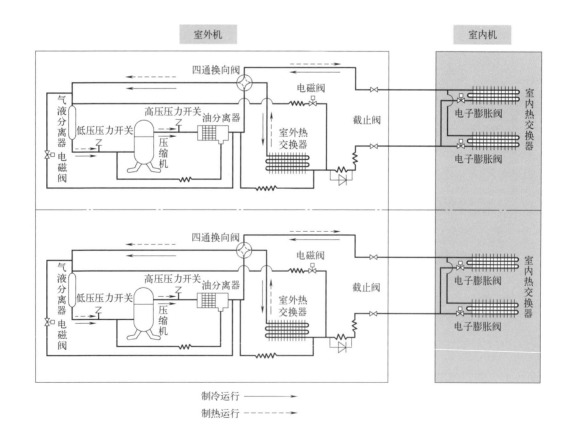

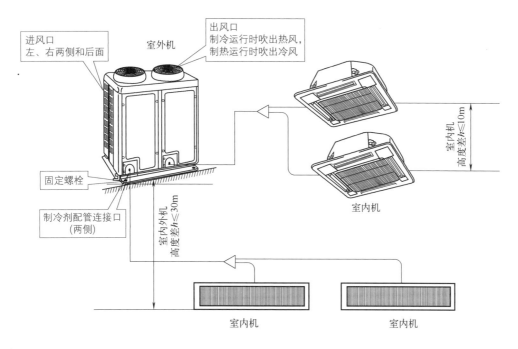

图 5-122　嵌入式空调与室外机管路系统图

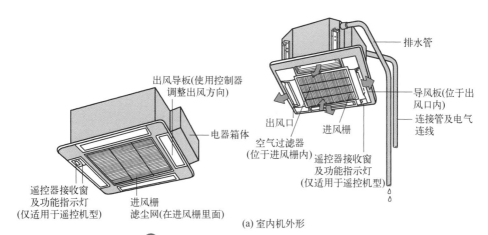

(a) 室内机外形

选择以下地点安装室内机 ➡

① 选择距电视、收音机1m以上距离的地方，以免对电视、收音机等造成干扰

② 选择室内机进出风不会受阻的地方

③ 选择足以承受机组重量的地方

④ 选择天花板以上的空间能放下机器的地方

⑤ 选择排水管可以较好地布置的地方

⑥ 选择机器出风口与地面之间的距离不大于2.7m的地方

⑦ 选择室内机下方无电视、钢琴等贵重物品的地方(避免冷凝水滴入造成以上物品的损坏)

图 5-123

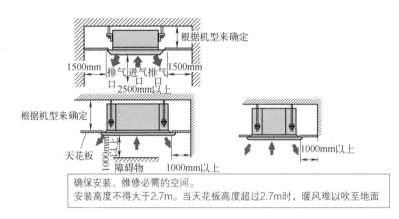

(b) 室内机安装点的选择与安装空间要求

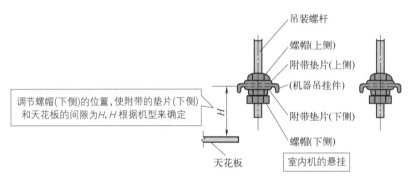

(c) 嵌入式空调悬挂做法

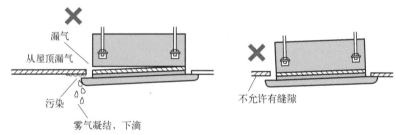

(d) 嵌入式空调安装平整度要求

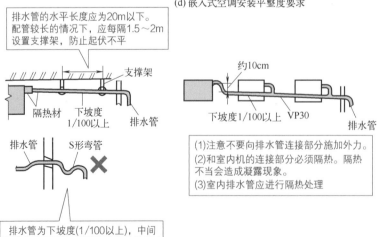

(e) 嵌入式空调排水管要求

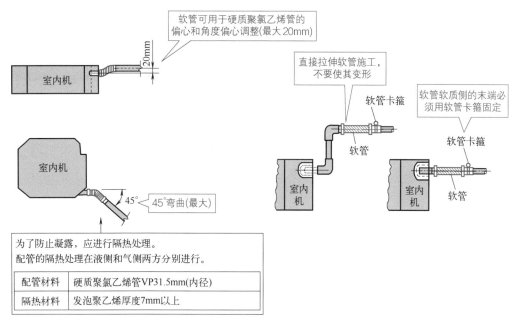

软管可用于硬质聚氯乙烯管的偏心和角度偏心调整(最大 20mm)

20mm

室内机

直接拉伸软管施工，不要使其变形

软管卡箍

软管软质侧的末端必须用软管卡箍固定

软管卡箍

软管

室内机

软管

室内机

室内机

45°

45°弯曲(最大)

为了防止凝露，应进行隔热处理。
配管的隔热处理在液侧和气侧两方分别进行。

配管材料	硬质聚氯乙烯管VP31.5mm(内径)
隔热材料	发泡聚乙烯厚度7mm以上

(f) 嵌入式空调隔热做法要求

图 5-123　嵌入式空调外形与主要施工做法

第6章
防排烟工程

6.1 防排烟工程基础

扫码看视频

防排烟工程应用的目的

6.1.1 防排烟工程应用的目的

防排烟工程应用的主要目的是将产生的烟气及时排除，防止蔓延扩散，以确保建筑物内人员安全与舒适。如果是消防工程中的防排烟工程，则主要目的是将火灾产生的大量烟气及时排除，以及防止蔓延扩散，以确保建筑物内人员顺利疏散、安全避难，以及为消防队员的扑救创造有利条件，如图6-1所示。如果是餐饮防排烟工程，则主要目的是及时排除厨房作业产生的烟雾。

建筑消防需要设置防烟措施的具体部位如图6-2所示。

高层建筑的防烟设施应分为机械加压送风的防烟设施、可开启外窗的自然排烟设施等。

图6-1 消防防排烟工程

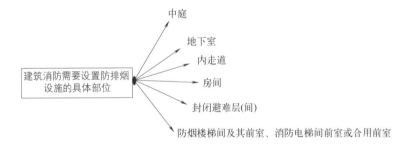

图6-2 建筑消防需要设置防烟措施的具体部位

6.1.2 建筑消防防排烟工程的要求

建筑消防防排烟工程的要求如下。

（1）设置机械加压送风系统并靠外墙或可直通屋面的封闭楼梯间、防烟楼梯间，在楼梯间的顶部或最上一层外墙上应设置常闭式应急排烟窗，且该应急排烟窗需要具有手动和联动开启功能。

（2）除有特殊功能、性能要求或火灾发展缓慢的场所可不在外墙或屋顶设置应急排烟排热设施外，如图 6-3 所示的无可开启外窗的地上建筑或部位均应在其每层外墙和（或）屋顶上设置应急排烟排热设施，并且该应急排烟排热设施需要具有手动、联动或依靠烟气温度等方式自动开启的功能。

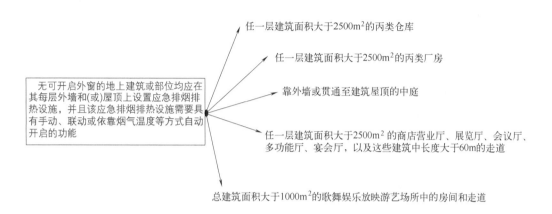

图 6-3   设置应急排烟排热设施的场所

除了不适合设置排烟设施的场所、火灾发展缓慢的场所可不设置排烟设施外，工业与民用建筑的下列场所或部位需要采取排烟等烟气控制措施。

（1）中庭。

（2）建筑面积大于 $300m^2$，并且经常有人停留或可燃物较多的地上丙类生产场所，丙类厂房内建筑面积大于 $30m^2$，并且经常有人停留或可燃物较多的地上房间。

（3）建筑面积大于 $100m^2$ 的地下或半地下丙类生产场所。

（4）设置在地下或半地下、地上第四层及以上楼层的歌舞娱乐放映游艺场所，设置在其他楼层且房间总建筑面积大于 $100m^2$ 的歌舞娱乐放映游艺场所。

（5）公共建筑内建筑面积大于 $100m^2$ 且经常有人停留的房间。

（6）公共建筑内建筑面积大于 $300m^2$ 且可燃物较多的房间。

（7）除了高温生产工艺的丁类厂房外，其他建筑面积大于 $5000m^2$ 的地上丁类生产场所。

（8）建筑面积大于 $1000m^2$ 的地下或半地下丁类生产场所。

（9）建筑面积大于 $300m^2$ 的地上丙类库房。

（10）建筑高度大于 32m 的厂房或仓库内长度大于 20m 的疏散走道，其他厂房或仓库内长度大于 40m 的疏散走道，民用建筑内长度大于 20m 的疏散走道。

除了敞开式汽车库、地下一层中建筑面积小于 $1000m^2$ 的汽车库、地下一层中建筑面积小于 $1000m^2$ 的修车库可不设置排烟设施外，其他汽车库、修车库需要设置排烟设施。

通行机动车的一、二、三类城市交通隧道内需要设置排烟设施。

一点通

建筑中下列经常有人停留或可燃物较多且无可开启外窗的房间或区域,需要设置排烟设施:

(1)房间的建筑面积不大于 50m²,总建筑面积大于 200m² 的区域。

(2)建筑面积大于 50m² 的房间。

6.1.3 XHS 型吊架弹簧减振器规格

XHS 型吊架弹簧减振器规格如图 6-4 所示。

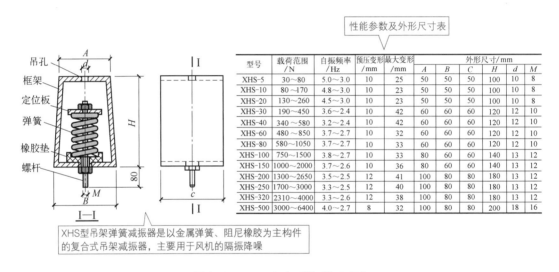

型号	载荷范围 /N	自振频率 /Hz	预压变形 /mm	最大变形 /mm	外形尺寸/mm					
					A	B	C	H	d	M
XHS-5	30~80	5.0~3.0	10	25	50	50	50	100	10	8
XHS-10	80~170	4.8~3.0	10	23	50	50	50	100	10	8
XHS-20	130~260	4.5~3.0	10	23	50	50	50	100	10	8
XHS-30	190~450	3.6~2.4	10	42	60	60	60	120	12	10
XHS-40	340~580	3.2~2.4	10	42	60	60	60	120	12	10
XHS-60	480~850	3.7~2.7	10	32	60	60	60	120	12	10
XHS-80	580~1050	3.7~2.7	10	33	60	60	60	120	12	10
XHS-100	750~1500	3.8~2.7	10	33	80	60	60	140	13	12
XHS-150	1000~2000	3.7~2.6	10	36	80	60	60	140	13	12
XHS-200	1300~2650	3.5~2.5	12	41	100	80	80	180	13	12
XHS-250	1700~3000	3.3~2.5	12	40	100	80	80	180	13	12
XHS-320	2310~4000	3.3~2.6	12	38	100	80	80	180	13	12
XHS-500	3000~6400	4.0~2.7	8	32	100	80	80	200	18	16

XHS型吊架弹簧减振器是以金属弹簧、阻尼橡胶为主构件的复合式吊架减振器,主要用于风机的隔振降噪

图 6-4 XHS 型吊架弹簧减振器规格

6.1.4 ZD 型阻尼弹簧复合减振器规格

ZD 型阻尼弹簧复合减振器规格如图 6-5 所示。

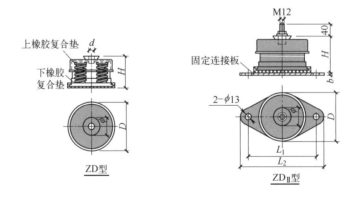

性能参数及外形尺寸表

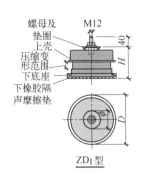

型号	最佳载荷/N	预压载荷/N	极限载荷/N	竖向刚度/(N/mm)	外形尺寸/mm						
					D	H	L₁	L₂	φ	d	b
ZD-12	120	90	168	7.5	84	70	110	140	32	10	5
ZD-18	180	115	218	9.5	128	65	160	195	42	10	5
ZD-25	250	153	288	12.5	128	65	160	195	42	10	5
ZD-40	400	262	518	22	144	72	175	210	42	10	6
ZD-55	550	336	680	30	144	72	175	210	42	10	6
ZD-80	800	545	1050	41	163	88	195	230	52	10	6
ZD-120	1200	800	1560	44	185	104	225	265	52	10	8
ZD-160	1600	1150	2180	63	185	104	225	265	52	10	8
ZD-240	2400	1600	3100	85	210	120	250	295	62	14	8
ZD-320	3200	2150	4220	127	230	144	270	310	84	18	8
ZD-480	4800	2950	5750	175	230	144	270	310	84	18	8
ZD-640	6400	4170	8300	180	282	154	320	360	104	20	8
ZD-820	8200	5300	10550	230	282	154	320	360	104	20	8
ZD-1000	10000	6050	11580	222	325	176	360	400	104	20	8
ZD-1280	12800	8300	16550	305	325	176	360	400	104	20	8
ZD-1500	15000	8500	19500	600	282	155	320	360	104	20	8
ZD-2000	20000	10000	28000	800	282	155	320	360	104	20	8

(a) 图解

减振器的应用

(b) 实物

图6-5 ZD型阻尼弹簧复合减振器规格

6.1.5 矩形防火柔性连接管外形与规格

矩形防火柔性连接管外形与规格如图6-6所示。

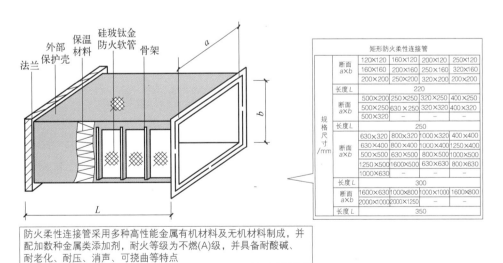

规格尺寸/mm		矩形防火柔性连接管			
	断面 a×b	120×120	160×120	200×120	250×120
		160×160	200×160	250×160	320×160
		200×200	250×200	320×200	200×200
	长度 L	220			
	断面 a×b	500×200	250×250	320×250	400×250
		500×250	630×250	320×320	400×320
		500×320			
	长度 L	250			
	断面 a×b	630×320	800×320	1000×320	400×400
		630×400	800×400	1000×400	1250×400
		500×500	630×500	800×500	1000×500
		1250×500	1600×500	630×630	800×630
		1000×630			
	长度 L	300			
	断面 a×b	1600×630	1000×800	1000×1000	1600×800
		2000×1000	2000×1250	—	—
	长度 L	350			

防火柔性连接管采用多种高性能金属有机材料及无机材料制成,并配加数种金属类添加剂,耐火等级为不燃(A)级,并具备耐酸碱、耐老化、耐压、消声、可挠曲等特点

(a) 图解

图6-6

(b) 实物

图 6-6　矩形防火柔性连接管外形与规格

6.2　防排烟工程施工做法

扫码看视频　　　扫码看视频

防排烟工程　　排烟风机安装
做法

6.2.1　防烟排烟风机屋面安装做法

建筑中的防烟，可以采用机械加压送风防烟方式、可开启外窗自然排烟方式等类型。防烟楼梯间及其前室、消防电梯间前室或合用前室，一般需要设置防烟设施。

防烟与排烟系统中的管道、风口、阀门等必须采用不燃材料制作。排烟管道需要采取隔热防火措施或与可燃物保持不小于 150mm 的距离。

排烟风机可采用离心风机或排烟专用的轴流风机，如图 6-7 所示。

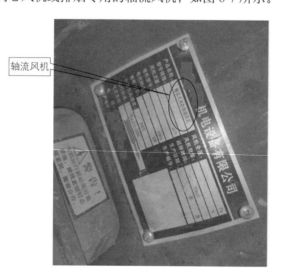

图 6-7　轴流风机

当排烟风机及系统中设置有软接头时，该软接头需要能够在 280℃的环境条件下连续工作不少于 30min。

防烟排烟风机屋面安装做法如图 6-8 所示。

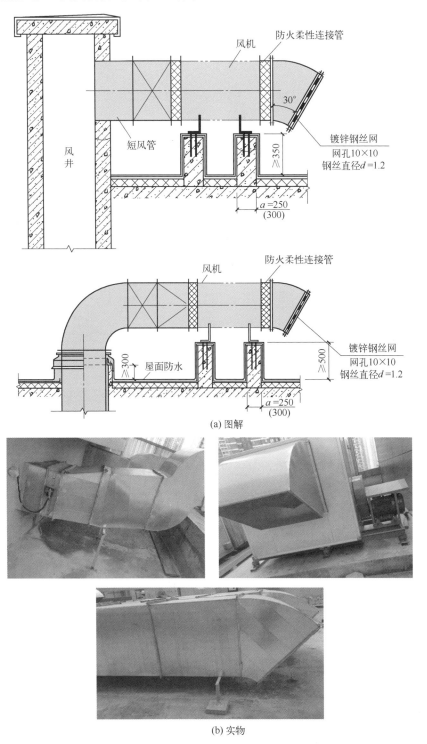

(a) 图解

(b) 实物

图6-8　防烟排烟风机屋面安装做法（单位：mm）

一点通

　　机械排烟系统与通风、空气调节系统宜分开设置。当合用时，必须采取可靠的防火安全措施，并且需要符合机械排烟系统的有关要求。

6.2.2　轴流斜流排烟风机地面、楼面安装做法

　　轴流斜流排烟风机地面、楼面安装做法如图6-9所示。

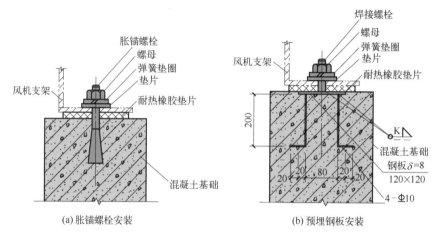

(a) 胀锚螺栓安装　　　　　　　(b) 预埋钢板安装

图6-9　轴流斜流排烟风机地面、楼面安装做法（单位：mm）

6.2.3　防烟排烟风机楼板下吊装做法

　　防烟排烟风机楼板下吊装做法如图6-10所示。

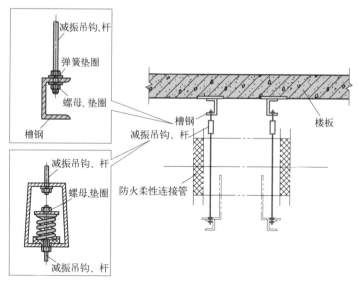

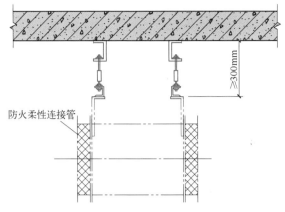

图 6-10　防烟排烟风机楼板下吊装做法

6.2.4　立式排烟风机屋面安装做法

立式排烟风机屋面安装做法如图 6-11 所示。

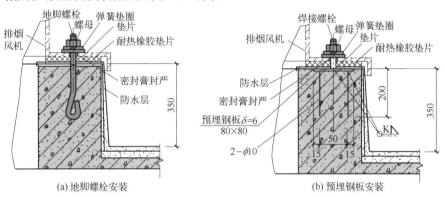

(a) 地脚螺栓安装　　　　　　　(b) 预埋钢板安装

图 6-11　立式排烟风机屋面安装做法（单位：mm）

6.2.5　柜式离心风机落地安装做法

柜式离心风机落地安装做法如图 6-12 所示。风机固定图例如图 6-13 所示。

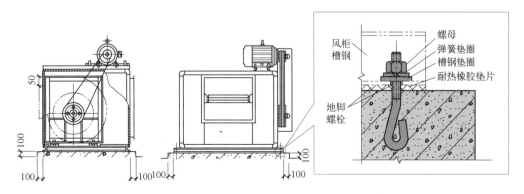

图 6-12　柜式离心风机落地安装做法（单位：mm）

图 6-13　风机固定图例

 一点通

　　排烟风机入口位置的总管上需要设置当烟气温度超过 280℃时能自行关闭的排烟防火阀。该阀需要与排烟风机连锁，当该阀关闭时，排烟风机则应能够停止运转。排烟防火阀如图 6-14 所示。

当烟气温度超过280℃时能自行关闭的排烟防火阀

图 6-14　排烟防火阀

参考文献

［1］ GB/T 16732—2023.建筑供暖通风空调净化设备　计量单位及符号［S］.

［2］ GB 50243—2016.通风与空调工程施工质量验收规范［S］.

［3］ JGJ/T 440—2018.住宅新风系统技术标准［S］.

［4］ GB 55020—2021.建筑给水排水与节水通用规范［S］.

［5］ 18D802.建筑电气工程施工安装［S］.

［6］ 12YD8.内线工程［S］.

［7］ 12YS8.排水工程［S］.

［8］ 12YS2.给水工程［S］.

［9］ 13K204.暖通空调水管软连接选用与安装［S］.

［10］ 13K115.暖通空调风管软连接选用与安装［S］.

［11］ 07K120.风阀选用与安装［S］.

附录

附录1 空调设备计量单位及符号

空调设备计量单位及符号如附表1所示。

附表1 空调设备计量单位及符号

量的名称	计量单位		说明
	单位名称	单位符号	
空调设备供冷量	千瓦或瓦	kW 或 W	空调设备在规定试验工况下供给的总除热量，也就是显热和潜热除热量之和。其用于性能评价
空调设备供热量	千瓦或瓦	kW 或 W	空调设备在规定的试验工况下供给的总显热量。其用于性能评价
空调设备额定风量	立方米每小时	m³/h	在标准空气状态下，每小时通过空调设备的空气体积流量。是用于评价空调设备性能的主要指标
空调机组新风量	立方米每小时	m³/h	单位时间内进入空调机组的新鲜空气的体积流量
空调机组送风量	立方米每小时	m³/h	单位时间内从空调机组送出的空气体积流量
空调机组排风量	立方米每小时	m³/h	单位时间内从空调机组排走的空气体积流量
空调机组回风量	立方米每小时	m³/h	单位时间内回到空调机组的空气体积流量
空调设备漏风量	立方米每小时	m³/h	在标准空气状态下，每小时从空调设备向外或向里渗漏的空气体积流量。用于计算设备漏风率
空调设备漏风率	百分率	%	空调设备漏风量与额定风量之比。是用于组合式空调机组性能的主要评价指标
空调设备除湿量	千克每小时	kg/h	空气流经空调机组或除湿设备时，每小时除去的水蒸气量。其表征空调设备性能指标
空调设备加湿量	千克每小时	kg/h	空气流经空调机组或加湿设备时，每小时所增加的水蒸气量。其表征空调设备的性能指标
空调设备漏热量	千瓦或瓦	kW 或 W	通过空调设备泄漏和壁板传热的总热量。是用于保证空调设备技术性能指标
空调设备水量	千克每小时或吨每小时	kg/h 或 t/h	单位时间内供给空调设备的水流量。其用于水系统水力计算
空调设备蒸汽量	吨每小时	t/h	单位时间内供给空调设备的蒸汽量。其用于蒸汽系统设备选择计算
空调机组机外静压	帕［斯卡］	Pa	机组在额定风量时克服自身阻力后，机组进出风口静压差
空调机组全静压	帕［斯卡］	Pa	机组自身阻力和机外静压之和

续表

量的名称	计量单位		说明
	单位名称	单位符号	
空调机组各功能段阻力	帕［斯卡］	Pa	空气流经空调机组各功能段进出口压力降。用于空调系统阻力设计计算
大气压力	千帕［斯卡］或百帕［斯卡］	kPa 或 hPa	地球表面空气层在单位面积地面上所形成的压力，随所处地区海拔高度和气候变化存在差异
蒸发压力	千帕［斯卡］或兆帕［斯卡］	kPa 或 MPa	制冷剂液体在蒸发器内蒸发时的压力
冷凝压力	千帕［斯卡］或兆帕［斯卡］	kPa 或 MPa	制冷剂气体在冷凝器内冷凝时的压力
油压	千帕［斯卡］	kPa	空调机中压缩机运行时油的压力
排气压力	千帕［斯卡］	kPa	压缩机出口处排气管内制冷剂气体的压力
吸气压力	千帕［斯卡］	kPa	压缩机进口处吸气管内制冷剂气体的压力
水蒸气分压力	千帕［斯卡］	kPa	由大气中的水蒸气组分所产生的压强，水蒸气分压力大小直接反映水汽数量多少，是衡量空气湿度的一个指标
喷水压力	千帕［斯卡］	kPa	喷嘴处的水压力
空调设备断（迎）面风速	米每秒	m/s	空调设备功能段的断面上空气流过的平均风速。其用于计算空气流量
断面风速均匀度	百分率	%	空调机组断面上任一点的风速与平均风速之差的绝对值不超过平均风速20%的点数占总测点数的百分比。是用于判别性能的指标
空气焓	千焦每千克	kJ/kg	单位质量空气所含的总热量
空调设备水流速	米每秒	m/s	空调设备水系统供给的水流速度，用于水系统设计
空气温度	摄氏度	℃	暴露于空气中但又不受太阳直接辐射的温度表上所指示的温度，一般指干球温度
干球温度	摄氏度	℃	暴露于空气中但又不受太阳直接辐射的干球温度表上所指示的温度
湿球温度	摄氏度	℃	暴露于空气中但又不受太阳直接辐射的湿球温度表上所指示的温度。是用于衡量湿空气物理性质的状态参数之一
露点温度	摄氏度	℃	一定压力下空气等湿冷却达到饱和时的温度。其用于判别空调设备表面是否结露
机器露点温度	摄氏度	℃	空气经喷水室或表冷器处理后接近饱和状态时的终状态点温度
蒸发温度	摄氏度	℃	制冷剂液体在蒸发器中蒸发时，对应于蒸发压力的饱和温度
冷凝温度	摄氏度	℃	制冷剂蒸气在冷凝器中冷凝时，对应于冷凝压力的饱和温度
排气温度	摄氏度	℃	压缩机出口处排气管内制冷剂气体的温度
吸气温度	摄氏度	℃	压缩机进口处吸气管内制冷剂气体的温度
再冷度	摄氏度	℃	在一定压力下，制冷剂的饱和温度与再冷状态下的温度之差
过热度	摄氏度	℃	在一定压力下，制冷剂在过热状态下的温度与其饱和温度之差

量的名称	计量单位		说明
	单位名称	单位符号	
进风温度	摄氏度	℃	空调设备进口的空气温度
出（送）风温度	摄氏度	℃	空调设备出口的空气温度
进（送）出（回）风温差	摄氏度	℃	空调设备进（送）口的出（回）风温度之差
送排风温差	摄氏度	℃	空调设备送风和排风温度之差
冷（热）水温度	摄氏度	℃	供给空调设备冷（热）媒的温度
供水温度	摄氏度	℃	空调设备进口的水温
回水温度	摄氏度	℃	空调设备出口的水温
冷却水温度	摄氏度	℃	经冷却器冷却后的水温。其用于计算冷却塔的参数
喷水温度	摄氏度	℃	用于计算喷水室的参数
蒸汽温度	摄氏度	℃	用于计算蒸汽加热器的参数
水温差	摄氏度	℃	空调设备进口和出口的水温之差。其用于计算空调设备水侧的冷（热）量
空气含湿量	克每千克	g/kg	湿空气中，所含水蒸气质量与干空气质量之比。其用于计算除湿量或加湿量
空气绝对湿度	克每立方米	g/m^3	单位体积湿空气中所含的水蒸气的质量
空气相对湿度	百分率	%	空气实际的水蒸气分压力与同温度下饱和状态空气的水蒸气分压力之比。其用以衡量空气的干湿程度
空调设备进出口空气处理含湿量差	克每千克	g/kg	空调设备进口和出口空气含湿量之差。其用于计算除湿量或加湿量
空气换热器传热系数	瓦每平方米摄氏度	$W/(m^2 \cdot ℃)$	在稳态条件和空气换热器两侧冷热流体之间单位温差作用下，单位面积通过的热流量。其表征空气换热器的性能指标
空气热交换效率系数	无量纲	—	空气经换热器前、后的温差与空气入口和冷媒入口的温差之比值。其表征换热器特性
空气冷却器肋化系数	无量纲	—	空气冷却器内表面与外表面面积之比。其表征空气冷却器特性指标
空气冷却器析湿系数	无量纲	—	湿空气冷却时，失去的全热量与失去的显热量之比。其表征空气冷却器性能指标
空气冷却器接触系数	无量纲	—	空气经冷却前、后的实际温差与冷却至饱和状态时温差之比。其表征空气冷却器性能指标
除湿设备单位除湿量	克每千克	g/kg	每千克空气经除湿设备所能除去的湿量。其用于计算除湿量和判定设备除湿能力
加湿设备单位功率加湿量	千克每千瓦	kg/kW	加湿器在标准工况下运行时，加湿量与所消耗的电功率之比。其表征加湿设备能力主要指标
加湿效率	百分率	%	加湿器在标准工况下运行时，加湿量与所消耗的总水量之比。其表征加湿设备的能力与效果
空调设备输入功率	千瓦	kW	空调设备运行时所消耗的功率。其用于计算能效比
空调设备输入电压	伏[特]	V	空调设备性能试验和运行时供电电压
空调设备输入电流	安[培]	A	空调设备性能试验和运行时供电电流
空调设备输入电频率	赫[兹]	Hz	空调设备性能试验和运行时供电频率
空调设备转速	转每分	r/min	单位时间内设备转子具有的转数
空调设备泄漏电流	毫安	mA	带电体对金属外壳之间泄漏的电流

续表

量的名称	计量单位		说明
	单位名称	单位符号	
空调设备电机温升	摄氏度	℃	电机在一定环境温度下运转一段时间，电机本身发热高于环境温度的值。是表征空调设备电器安全性能指标之一
空调设备接地电阻	欧［姆］	Ω	空调设备外壳对接地装里之间的电阻值。其用于表征设备电器安全指标
空调设备绝缘电阻	兆欧［姆］	MΩ	空调设备通电导体部位对金属外壳之间的电阻值，一般用兆欧表进行测量。是表征电器安全性能指标之一
空调设备噪声声级	分贝（A）	dB（A）	空调设备运行时产生的紊乱断续或统计上随机的声振荡，用 A 计权网络测得的声压级，也可用声功率级表示
空调设备振动速度	毫米每秒	mm/s	空调设备运行时，其振动速度等于振幅与振动频率的乘积
空调设备振动频率	赫［兹］	Hz	其用于计算振动速度
空调设备振动位移（振幅）	微米	μm	空调设备在一定转速下运转，振动所产生的位移量，有水平位移和垂直位移。是用来衡量空调设备性能的指标
挡水板过水量	克每千克	g/kg	空气流过挡水板，其前后含湿量之差。其是用来表征空调机组性能的指标之一
盘管试验压力	兆帕［斯卡］	MPa	指盘管进行耐压性能试验时所采用的工作压力
新风比	百分率	%	新风量与总风量之比
显热比	百分率	%	显热量与全热量之比
空气比定压热容	千焦每千克摄氏度	kJ/（kg・℃）	干空气的定压比容在常温下为 1.01kJ/（kg・℃），水蒸气定压比容为 1.84kJ/（kg・℃）
诱导比	无量纲	—	一次风诱导形成的总风量与一次风之比
水气比	千克每千克	kg/kg	喷水量与风量之比。其表征喷水室性能
喷水量	赫［兹］	Hz	空调机组喷水室喷淋的水流量。其用于喷水室计算
空调设备耗电量	千瓦小时	kW・h	空调设备运行时的用电量。其用于计算能效比和节能指标
耗电输冷（热）比［EC(H)R］	无量纲	—	设计工况下，空调冷热水系统循环水泵总功耗（kW）与设计冷（热）负荷（kW）的比值
消声器消声量	分贝（A）	dB（A）	消声器两端声压级的差值。其用于消声器选择计算
空气调节机（器）可靠性寿命	小时	h	在正常条件下空调机（器）进行制冷运行规定的小时数
能效比（EER）	无量纲	—	空调设备运行时，制冷量与制冷所消耗功率之比。其表征节能的指标
性能系数（COP）	无量纲	—	在规定的试验条件下，制冷及制热设备的制冷及制热量与其消耗功率之比
制冷季节能效比（SEER）	无量纲	—	在制冷季节中，制冷及制热设备进行制冷运行时从室内除去的热量总和与消耗的电量总和之比
制热季节能效比（HSPF）	无量纲	—	在制热季节中，制冷及制热设备进行制热运行时向室内送入的热量总和与消耗的电量总和之比
全年性能系数（APF）	无量纲	—	以一年为计算周期，同一台制冷及制热设备在制冷季节从室内除去的热量及制热季节向室内送入的热量总和与同一期间内消耗的电量总和之比

续表

量的名称	计量单位		说明
	单位名称	单位符号	
综合部分负荷性能系数（IPLV）	无量纲	—	用一个单一数值表示的冷水机组等设备的部分负荷效率指标，它基于机组部分负荷时的性能系数值，按照机组在各种负荷率下的运行时间等因素，进行加权求和计算获得
冷水机组能效限定值	无量纲	—	在名义制冷工况条件下，冷水机组性能系数（COP）和综合部分负荷性能系数（IPLV）的最小允许值
冷水机组节能评价值	无量纲	—	在名义制冷工况条件下，节能型冷水机组应达到的性能系数（COP）或综合部分负荷性能系数（IPLV）的最小允许值
负荷率	无量纲	—	系统的运行负荷与设计负荷之比
热力系数	无量纲	—	特指在吸收式制冷中，制冷量与向发生器中加入的热量之比
热力完善度	无量纲	—	指实际制冷循环的制冷系数与工作在相同的高温与低温热源之间的逆卡诺循环的制冷系数的比值
冷水（热泵）机组的供冷（热）量	千瓦	kW	实际运行情况下冷水（热泵）机组供冷（热）量
冷源综合制冷性能系数（SCOP）	无量纲	—	在名义工况下，以电为能源的空调冷源系统（包括制冷机、冷却水泵及冷却塔或风冷式的风机）的额定制冷量与其净输入能量之比
蓄冷率	无量纲	—	一个蓄能 - 释能周期内蓄能装置提供的能量与此周期内系统累计负荷之比
蓄冷（热）温度	摄氏度	℃	蓄冷（热）工况时，进入蓄能装置的介质温度称为蓄冷（热）温度
释冷（热）温度	摄氏度	℃	释冷（热）工况时，蓄能装置的供冷（热）温度称为释冷（热）温度
蓄冷速率	千瓦每小时	kW/h	蓄冷工况时，蓄冷装置单位时间蓄冷量的大小
释冷速率	千瓦每小时	kW/h	释冷工况时，蓄冷装置单位时间释冷量的大小
电负荷削减量	千瓦时	kWh	采用蓄能系统后空调系统设计电负荷下降的数值
蓄冷 - 释放周期	小时	h	蓄冷系统经一个蓄冷 - 释冷循环所运行的时间
全负荷蓄冷	瓦或千瓦	W 或 kW	蓄冷装置承担设计周期内电力平、峰段的全部空调负荷
部分负荷蓄冷	瓦或千瓦	W 或 kW	蓄冷装置只承担设计周期内电力平、峰段的部分空调负荷
地源热泵系统制冷能效比	无量纲	—	地源热泵系统制冷量与热泵系统总耗电量的比值，热泵系统总耗电量包括热泵主机、各级循环水泵的耗电量
地源热泵系统制热性能系数	无量纲	—	地源热泵系统总制热量与热泵系统总耗电量的比值，热泵系统总耗电量包括热泵主机、各级循环水泵的耗电量
全年综合性能系数	无量纲	—	水（地）源热泵机组在额定制冷工况和额定制热工况下满负荷运行时的能效，与多个典型城市的办公建筑按制冷、制热时间比例进行综合加权而来的全年性能系数

量的名称	计量单位		说明
	单位名称	单位符号	
地源热泵系统常规能源替代量	千克标准煤	kgce	用于评价地源热泵系统的指标之一
地源热泵系统的 CO_2 减排量	千克每年	kg/a	用于评价地源热泵系统的指标之一
地源热泵系统的 SO_2 减排量	千克每年	kg/a	用于评价地源热泵系统的指标之一
地源热泵系统的粉尘减排量	千克每年	kg/a	用于评价地源热泵系统的指标之一
制冷兼制热水模式下机组能效比	无量纲	—	空调制冷兼制热水模式下温度区间内的权重制冷量与同一温度区间内的权重热水侧制热量之和与权重机组耗电量（不含辅助电加热）和权重辅助电加热耗电量之比
制热兼制热水模式下机组能效比	无量纲	—	空调制热兼制热水模式下温度区间内的权重制热量与同一温度区间内的权重热水侧制热量之和与权重机组耗电量（不含辅助电加热）和权重辅助电加热耗电量之比
全球变暖潜能值	无量纲	—	用于表示温室气体排放所产生的气候影响的指标，即在 100 年范围内，某种温室气体的温室效应对应于相同效应的 CO_2 的质量
消耗臭氧潜能值	无量纲	—	大气中氯氟碳化物质对臭氧层破坏的能力与 R_{11} 对臭氧层破坏的能力之比值
大气寿命	时间	年	某物质排放到大气层被分解一半时所需的时间
空调设备名义除湿量	克每小时或千克每小时	g/h 或 kg/h	标牌上标示的名义工况下，空调设备单位时间的凝结水量的名义值
空调设备除湿量	克每小时或千克每小时	g/h 或 kg/h	在规定工况下，空调设备每小时的凝结水量
空调设备单位输入功率除湿量	千克每千瓦	kg/kW	在名义工况下，除湿量与输入总功率之比
溶液除湿除湿效率	百分率	%	通过除湿系统的实际空气含湿量变化与其最大可能变化量（即进口含湿量与除湿溶液平衡含湿量差值）的比值。其是评价溶液除湿系统的重要指标之一
溶液除湿除湿速率	克每秒	g/s	单位时间内（每秒）空气中被除去的水分量。其是评价溶液除湿系统的重要指标之一
制冷（热）量	瓦	W	空调机以额定能力，在规定的制冷（热）能力试验条件下连续稳定制冷（热）运行时，单位时间内从（向）封闭空间、放假或区域内除去（送入）的热量总和
制冷（热）消耗功率	瓦	W	空调机以额定能力，在规定的制冷（热）能力试验条件下连续稳定制冷（热）运行时消耗的总功率
中间制冷（热）量	瓦	W	空调机以发挥名义冷（热）量的 1/2 能力，在规定的制冷（热）能力试验条件下连续稳定制冷（热）运行时，单位时间内从（向）封闭空间或区域内除去（送入）的热量总和

量的名称	计量单位		说明
	单位名称	单位符号	
中间制冷（热）消耗功率	瓦	W	空调机以发挥名义冷（热）量的 1/2 能力，在规定的制冷（热）能力实验条件下连续稳定制冷（热）运行时消耗的总功率
最小制冷（热）量	瓦	W	空调机以最小能力，在规定的制冷（热）能力试验条件下连续稳定制冷（热）运行时，单位时间内从（向）封闭空间、房间或区域内除去（送入）的热量总和
最小制冷（热）消耗功率	瓦	W	空调机以最小能力，在规定的制冷（热）能力试验条件下连续稳定制冷（热）运行时消耗的总功率
制冷负荷系数	无量纲	—	在同一温、湿度条件下，空调机制冷运行时，通过室内温度调节器的通（ON）、断（OFF）使空调机进行断续运行时，由 ON 时间与 OFF 时间构成的断续运行的 1 个周期内，从室内除去的热量和与之等周期时室内连续制冷运行时，从室内除去的热量之比
制热负荷系数	无量纲	—	在同一温、湿度条件下，空调机制热运行时，通过室内温度调节器的通（ON）、断（OFF）使空调机进行断续运行时，由 ON 时间与 OFF 时间构成的断续运行的 1 个周期内，送入室内的热量和与之等周期时室内连续制冷运行时，送入室内的热量之比
名义制冷量	千瓦	kW	机组在规定试验条件下运行时，由循环冷水带出的热量
名义供热量	千瓦	kW	机组在规定试验条件下运行时，由循环温水带出的热量
名义散热量	千瓦	kW	机组在制冷试验运行时，通过循环冷却水所带出的热量
烟气损失	千瓦	kW	通过机组的燃烧产生烟气向机外排放出的热量
本体热损失	千瓦	kW	由于机组本体表面与环境温差而交换的热量
名义流量	立方米每小时或升每小时或千克每小时	m³/h 或 L/h 或 kg/h	在机组进行制冷量和供热量试验时，水、燃料等的流量
最高使用压力	兆帕 [斯卡]	MPa	机组结构强度能保证安全使用的燃气、燃油、水等的最高压力
名义压力损失	兆帕 [斯卡]	MPa	名义流量的冷水、温水、冷却水等通过机组所产生的压力损失值
溴化锂吸收式冷水机组的实际性能系数	无量纲	—	实际运行情况下溴化锂吸收式制冷机的性能系数
加热源消耗量	千克每小时蒸汽或立方米每小时热水	kg/h（蒸汽）或 m³/h（热水）	机组消耗蒸汽和热水的流量
加热源输入热量	千瓦	kW	将加热源消耗量换算成热量的值
性能系数	无量纲	—	制冷量除以加热源输入热量与消耗电功率之和所得的比值

续表

量的名称	计量单位		说明
	单位名称	单位符号	
室内机制冷（热）量	瓦	W	在规定的制冷（热）能力试验条件下，室内机（单台）单位时间内从封闭空间、房间或区域排出（放出）的热量
室内机消耗功率	瓦	W	在规定的制冷（热）能力试验条件下，室内机（单台）运行时消耗的功率
最大（小）配置率	百分率	%	各室内机的名义制冷量之和与室外机组名义制冷量之和的比的最大（小）值
额定耗水量	千克	kg	机组在规定的试验工况下，单位时间内所需补水量
直接蒸发冷却效率	百分率	%	水直接蒸发冷却器在试验工况下，进口空气和出口空气干球温度差与进口空气干、湿球温度差的比值
间接蒸发冷却效率	百分率	%	当间接蒸发冷却段为空气-空气间接蒸发冷却器，在试验工况、不同一次空气与二次空气风量比下，水间接蒸发冷却机组一次空气进、出口空气干球温度差值与二次空气干、湿球温度差值的百分比；当间接蒸发冷却段为空气-表冷器间接蒸发冷却器，在试验工况、不同一次空气风量和表冷器水流量比下，空气进出口干球温度差值与制取表冷器冷水的二次空气干、湿球温度差值的比值
等焓冷却制冷量	千瓦	kW	额定工况下，送风空气经直接蒸发冷却器降温获得的显热制冷量
等湿冷却制冷量	千瓦	kW	额定工况下，送风空气经间接蒸发冷却器减焓降温获得的显热制冷量
额定制冷量	千瓦	kW	额定工况下，等焓冷却制冷量和等湿冷却制冷量的总和
额定能效比（EER）	无量纲	—	在额定工况下，机组额定制冷量与额定输入功率的比值
额定制冷耗水比	无量纲	—	在额定工况下，机组额定制冷量与额定耗水量的比值
制冷（热）消耗功率	千瓦	kW	在规定条件下，机组制冷（热）消耗的功率，即除风机外机组所有用电设备消耗的总功率
除（加）湿性能系数	无量纲	—	在规定条件下，机组除（加）湿量对应的潜热量与机组制冷（热）消耗功率之比
制冷（热）性能系数	无量纲	—	在规定条件下，机组制冷（热）量与机组制冷（热）消耗功率之比
空调冷凝热回收设备综合性能系数	无量纲	—	热回收（制冷或空调）模式下空调（热泵）设备制冷量与热回收量之和与设备输入功的比值
空调冷凝热回收设备冷凝热回收率	无量纲	—	热回收（制冷或空调）模式下设备的热回收量与总的冷凝热释放量的比值

续表

量的名称	计量单位		说明
	单位名称	单位符号	
报告期能耗	千瓦	kW	以连续 12 个月的完整运行年为考察期，分布式冷热电能源系统在运行工况下的总能耗
校准能耗	千瓦	kW	基于统计报告期内的运行工况，达到与分布式冷热电能源系统相同的电、冷和热等能量供应时，采用常规独立方式的供电、供冷和供热，参照发电系统设计与建筑热工设计的地理分区标准计算得出的总能耗
节能量	千瓦	kW	校准能耗与报告期能耗的差值
节能率	百分率	%	节能量与校准能耗的比值
综合能源利用率	百分率	%	用于评价分布式冷热电能源系统的综合能源利用性能
单位产品能值	量纲	—	获得单位㶲量的产品所需消耗的各种能源能量之和，即所投入的量
一次能源利用效率	百分率	%	其定义为系统输出的有效功率、单位时间系统输出的冷量与热量之和与单位时间输入系统的一次能源量之比。其是评价天然气分布式能源系统最直观的指标

附录 2　净化设备计量单位及符号

净化设备计量单位及符号如附表 2 所示。

附表 2　净化设备计量单位及符号

量的名称	计量单位		说明
	单位名称	单位符号	
洁净室风量	立方米每小时	m³/h	单位时间内进入或排出洁净室内的体积流量
洁净室换气次数	次每小时	h⁻¹	单位时间内进入洁净室空气的更换次数，也就是风量与房间容积的比值。用于确定各种级别洁净度的风量
空气洁净度	个每升	个 /L	根据单位容积空气中某种微粒的数量来区分。其是洁净室、工作台、自净器等净化设备的主要性能指标之一
洁净室静压差	帕 [斯卡]	Pa	相邻不同级别洁净空间和洁净室与非洁净室间的静压差应大于等于 5Pa
洁净室温度	摄氏度	℃	洁净室内部的空气温度。其表征洁净室空气性能指标
洁净室相对湿度	百分率	%	洁净室内部的空气湿度。其表征洁净室空气性能指标
洁净室照度	勒 [克斯]	lx	洁净室内（工作台）工作面上的照度。其表征洁净室特性指标
照度均匀度	无量纲	—	指工作面上最低照度值与平均照度值之比，洁净室内一般照明的照度均匀度不应小于 0.7

续表

量的名称	计量单位		说明
	单位名称	单位符号	
噪声	分贝（A）	dB（A）	洁净室系统运行时产生的声震荡用 A 计权网络在室内测得的声压级，也可以用声功率级表示
洁净室（工作台）微振	微米	μm	指洁净室（工作台）系统运行时振动所产生的位移量
采样时间	分	min	尘埃粒子计数器采样所需要的时间。用于采样量的计量
自净时间	分	min	指洁净室被污染后，洁净系统开始运行到稳定洁净度所需要的时间
吹淋时间	分	min	通过吹淋室进行吹淋所需要的时间
人员密度	人每平方米	人 /m²	单位地板面积上的人数
粒径	微米	μm	粒子的直径或粒子的大小，一般用当量直径或粒子的某一长度单位表示
洁净室体积	立方米	m³	根据洁净室的风量和体积可算出洁净室的换气次数
工作面空气流速	米每秒	m/s	室内固定工作地点的断面空气平均流速。洁净室有垂直断面平均流速和水平断面平均流速两种
吹淋速度	米每秒	m/s	吹淋室喷嘴的出口速度
过滤效率	百分率	%	在额定风量下，过滤器前后空气含尘浓度之差与过滤器前空气含尘浓度之比。其用于表征各种过滤器特性
计数效率	百分率	%	在额定风量下，空气过滤器去除特定粒径或范围颗粒物数量的能力
计重效率	百分率	%	在额定风量下，空气过滤器去除流通空气中人工尘质量的能力
钠焰效率	百分率	%	用钠焰法检测得出的效率
油雾效率	百分率	%	用油雾法检测得出的效率
DOP 效率	百分率	%	用 DOP 法检测得出的效率
比色效率	百分率	%	用大气尘比色法检测得出的效率
吹淋效率	百分率	%	吹淋前后含尘浓度之差与吹淋前含尘浓度之比。用显微镜计数法得出的效率
污染物一次通过效率	百分率	%	空气净化装置在额定风量下，对污染物的一次通过去除能力。即空气净化装置入口空气、出口空气中气态污染物浓度之差与空气中气态污染物浓度之比
微生物净化效率	百分率	%	在额定风量下，过滤器前后空气微生物浓度之差与过滤器前空气微生物浓度之百分比
病毒去除率	百分率	%	采用净化设备前后的病毒滴度的减少百分比
计数浓度	个每升	个 /L	单位容积空气混合物中含有的尘粒个数
计重浓度或质量浓度	毫克每立方米	mg/m³	单位容积空气混合物中含有的尘粒的质量
气态污染物浓度	毫克每立方米	mg/m³	单位容积空气混合物中含有的气态污染物的质量
病毒滴度	斑形成单位每毫升或组织细胞半数感染量每毫升	PFU/mL 或 TCID$_{50}$/mL	是指病毒悬液的浓度。每单位体积病毒悬液所能形成的噬斑形成单位（PFU），或者每单位体积病毒悬液引起的组织细胞培养半数感染量（TCID$_{50}$）

量的名称	计量单位		说明
	单位名称	单位符号	
生物粒子浮游量	个每升	CFU/L	用有关检测仪器检测得到悬浮状态时的生物粒子。其表征生物洁净室的指标
生物粒子沉降量	个每平方米周	CFU/（m²·周）	用沉降法所测的生物粒子。其表征生物洁净室的指标
穿透率	百分率	%	在同一时间内，穿过过滤器或除尘器的粒子质量与进入的粒子质量之比。其用于表示过滤器的性能指标
过滤器容尘量	克	g	过滤器达到设定终阻力值时所积存的微粒等污染物的质量
气态污染物累计净化量	毫克	mg	空气净化装置在额定状态和规定的试验条件下，针对目标污染物累积净化能力
过滤器初阻力	帕［斯卡］	Pa	额定风量下，过滤器没有累积目标污染物（颗粒物和气态污染物）时前后的静压差
过滤器终阻力	帕［斯卡］	Pa	额定风量下，过滤器的容尘量或累积净化量达到足够大而需要清洗或更换滤料时的阻力
过滤器尺寸	毫米	mm	指过滤器端面、深度、对角线、平面度等。其是评定过滤器性能指标之一
过滤器额定风量	立方米每小时	m³/h	表示保证过滤器效率的单位时间最大空气体积流量
过滤器面速	米每秒	m/s	指过滤器断面上通过气流的平均速度
过滤器滤速	厘米每秒	cm/s	指单位滤料面积上单位时间通过的空气量
洁净空气量	立方米每小时	m³/h	表示空气净化设备针对目标污染物提供洁净空气的速率
紫外线泄漏量	微瓦每平方厘米	μW/cm²	当空气净化装置含有紫外线灯管时，距离装置边框周围30cm处的紫外线泄漏量
再生时间	小时	h	空气净化装置达到累积净化量时，进行再生恢复净化性能所需要的时间
再生能耗	千瓦时每平方米	kW·h/m²	进行再生过程中，单位面积吸附材料所需要的能耗
臭氧浓度增加量	毫克每立方米	mg/m³	空气净化装置在工作状态下产生的臭氧浓度增加量
净化能效	立方米每瓦时	m³/（W·h）	单位功耗所产生的洁净空气量

附录 3　书中相关视频汇总

给水系统	排水系统	分户水表的安装做法	集水坑与污水泵
PVC-U 排水管的安装做法	金属管敷管做法	接地干线过建筑变形缝施工做法	桥架
金属槽盒	电气竖井内布线做法	封闭式母线穿楼板的施工做法	通风工程常见施工项目与部件工艺流程
管道的保温做法	空调处理机组的施工做法	室内机的安装做法	防排烟工程应用的目的
防排烟工程		排烟风机安装做法	

—随看随扫、随扫随看—